RAJA BEN AHMED LAJILI

As Hirudíneas da Barragem de Lebna: Biodiversidade e Perspectivas

RAJA BEN AHMED LAJILI

As Hirudíneas da Barragem de Lebna: Biodiversidade e Perspectivas

À descoberta de uma fauna pouco conhecida e de novas espécies na Tunísia

ScienciaScripts

Imprint
Any brand names and product names mentioned in this book are subject to trademark, brand or patent protection and are trademarks or registered trademarks of their respective holders. The use of brand names, product names, common names, trade names, product descriptions etc. even without a particular marking in this work is in no way to be construed to mean that such names may be regarded as unrestricted in respect of trademark and brand protection legislation and could thus be used by anyone.

Cover image: www.ingimage.com

This book is a translation from the original published under ISBN 978-620-6-69867-8.

Publisher:
Sciencia Scripts
is a trademark of
Dodo Books Indian Ocean Ltd. and OmniScriptum S.R.L publishing group

120 High Road, East Finchley, London, N2 9ED, United Kingdom
Str. Armeneasca 28/1, office 1, Chisinau MD-2012, Republic of Moldova, Europe
Printed at: see last page
ISBN: 978-620-8-31394-4

Conteúdo

INTRODUÇÃO

Os anelídeos representam um passo importante na revolução do mundo animal. De facto, foram os primeiros metazoários triploblásticos coelomados. Estão divididos em três classes: Poliquetas, Oligochetas e Achetes. Atualmente, alguns autores aceitam que os Oligochetes e os Achetes são duas subclasses dos Clitelados.

Os Achetes, também conhecidos como Hirudíneos, são os mais evoluídos dos anelídeos e têm afinidades com os Oligochetes. São conhecidos pelo nome comum de "sanguessugas", que se refere às espécies hematófagas mais conhecidas e utilizadas na medicina.

O conhecimento das sanguessugas remonta à Antiguidade. São mencionadas na Bíblia, no capítulo trinta dos Provérbios e no Corão; parece que a palavra "Aluka" se refere à sanguessuga. Vários autores árabes deram também a este anelídeo os nomes de "Aleka", "Aletha" e "Aleg" **(Grasse, 1959).** Foram encontrados vestígios destes anelídeos, Achetes, que remontam ao Jurássico, como *Epitrachys rugosus* e *Palaeohirudo eichstaettensis* **(Siddall *et al.*, 2001).**

Atualmente, foram descritas 650 espécies de Hirudinae em todo o mundo; na realidade, este número está subestimado e provavelmente ainda há um grande número por descobrir **(Borda e Siddall, 2004 b).**

Várias monografias foram dedicadas ao estudo sistemático das Hirudineae em todo o mundo, incluindo as relativas às Hirudineae de Itália **(Minelli, 1979),** da América do Norte **(Blanchard, 1917) e** da Austrália **(Govedich, 2001),** sem esquecer a monografia mais clássica **(Grasse, 1959)** e os numerosos trabalhos de **Soos (1966, 1967, 1968 e 1969)**. No que respeita à posição sistemática das espécies recolhidas, remetemos para a monografia mais completa sobre este grupo, de **Sawyer (1986).**

Mais recentemente, muitos investigadores de todo o mundo têm-se interessado pelo estudo das sanguessugas. Estes incluem trabalhos sobre sistemática e filogenética **(Govedich e Davies, 1998; Govedich *et al.*, 1998; Govedich *et al.*, 1999; Govedich, 2001; Govedich *et al.*, 2002; Siddall, 2001 a e b; Siddall *et al*, 2001; Siddall, 2002; Siddall e Borda, 2003 e 2004; Westergren e Siddall, 2004; Borda e Siddall, 2004 a e b; Siddall e Budinoff, 2005; Siddall *et al.*, 2005; Utevsky e Trontelj, 2005; Figueroa e Regagnon, 2005; Figueroa *et al*, 2005 e Figueroa , 2006)**, reprodução **(Gullo, 1994, 2003, 2004, 2006 e Govedich *et al.*, 2003)**, biologia do desenvolvimento **(Shankland, 1990, 1994 e 1995; Denise e Shankland, 1992; Shankland e Seaver, 2000; Seaver e Shankland, 2000 e 2001)**, fisiologia **(Esch e Kristan, 2002; Kristan *et al*, 2005 e Burgin *et al.*, 2006)** e ecologia **(Kutschera e Wirtz, 2001; Govedich *et al.*, 2004; Kutschera e Roth, 2005 e 2006 a e b).**

Na Tunísia, a fauna dos Hirudíneos foi até agora objeto de apenas alguns relatos ocasionais; nesta ocasião, sublinhamos a ausência de chaves de determinação para as sanguessugas do Norte de África. **Megnin (1891)** tinha observado em Paris, na cavidade bucal de cavalos trazidos da Tunísia por soldados franceses, uma sanguessuga que ele tinha determinado como sendo *Haemopis sanguisuga* (Linne, 1785) e que, de facto, se revelou ser *Limnatis nilotica* (Savigny, 1820) **(Moore, 1939).**

Blanchard (1981) mencionou as seguintes espécies da fauna tunisina: *Batracobdella algira* (Moquin-Tandon, 1846), observada na epiderme de várias espécies de anfíbios anuros (*Discoglossus pictus*, *Rana rudibunda*) e urodelos (*Hydromantes genei*), *Placobdella costata* (Fr. Muller, 1846) (sob o nome incorreto de *Haementeria costata*), *Dina lineata* (O.F. Muller, 1774) sob o nome de *Dina quadriseriata* (Grube, 1850), *Limnatis nilotica* (Savigny, 1820) e *Hirudo troctina* (Johnson, 1816). **Seurat (1922**) cita *Hirudo troctina* de todo o Norte de África, e mais especialmente da Argélia e da Tunísia, *Batracobdella algira* (Moquin-Tandon, 1846) mencionada erradamente por **Viguier (1879)**, pensando tratar-se de uma nova espécie com o nome *Batracobdella latasti* (Viguier, 1879). **Nesemann e Neubert (1994)** registaram a espécie *Trocheta africana* pela primeira vez na Tunísia. Até à data, só era conhecida do nosso país. De acordo com

De acordo com Nesemann e Neubert (1994), esta espécie poderia corresponder a *Dina quadriseriata* (Grube, 1850) mencionada por **Blanchard (1981)** para a Tunísia. Por último, **Hetchel e Sawyer (2002)** confirmaram a presença de *Limnatis nilotica* e de *Hirudo troctina* na Tunísia e assinalaram novas localidades tunisinas para esta última, com base na identificação de espécimes ainda indeterminados que se encontram nas colecções do Museum national d'histoire naturelle de Paris.

O objetivo deste estudo, que incide sobre a biodiversidade de anelídeos Achetes na barragem do Lebna, bem como as suas preferências ecológicas e caraterísticas biométricas, é :

- Esclarecer uma pequena parte da fauna de anelídeos de Achete tunisienne e contribuir assim para o trabalho de **Sawyer (1986)** relativo à região do Norte de África.
- Revelar as preferências ecológicas das espécies estudadas e a sua distribuição sazonal.
- Sugerir os ciclos biológicos das espécies de sanguessugas recolhidas.

Este trabalho é composto por duas partes, a primeira das quais está dividida em dois capítulos: - O primeiro trata das caraterísticas morfológicas, anatómicas e sistemáticas gerais dos Hirudinae. Estas descrições gerais foram utilizadas no estudo das espécies recolhidas e na sua identificação.

- O segundo capítulo é dedicado à apresentação do ambiente de estudo, do método de recolha de Hirudineae e dos protocolos experimentais utilizados.

A segunda secção, relativa aos resultados, está dividida em dois capítulos:

- O capítulo I é dedicado a um estudo sistemático das diferentes espécies presentes na albufeira da barragem do Lebna.
- No capítulo II apresentamos as variações que os factores abióticos do meio de estudo podem sofrer e as suas influências na dinâmica das populações estudadas. Tentámos também estimar o período de oviposição de algumas das espécies recolhidas.

CAPÍTULO I

INFORMAÇÕES GERAIS SOBRE AS HIRUDINAS

I. DEFINIÇÃO

Os anelídeos são metazoários triploblásticos com simetria bilateral. A mesoderme é escavada em vesículas fechadas: são, portanto, celomados; o corpo é formado por uma sucessão de elementos idênticos, os metâmeros. O blastóporo coincide com a boca, pelo que são protostómios.

O filo dos anelídeos está subdividido em 3 classes:

- Classe dos Polychetes, caracterizada por numerosas cerdas.
- A classe Oligochetes é caracterizada por cerdas esparsas.
- A classe Achetes caracteriza-se pela ausência de cerdas.

Os Achetes, ainda chamados Hirudinees, são geralmente considerados como os anelídeos mais evoluídos. Têm afinidades com os Oligochetes. São organismos aquáticos, de água doce ou marinhos, frequentemente ectoparasitas de vertebrados, vulgarmente conhecidos por sanguessugas. Algumas espécies exóticas são terrestres e frequentam zonas húmidas.

Estes vermes têm geralmente uma ventosa frontal perfurada através da boca para sucção e fixação, e uma ventosa posterior que é um simples dispositivo de fixação ventral em relação ao ânus.

Estes animais são hermafroditas. Os ovos postos são ricos em vitelo. O seu desenvolvimento é direto, pelo que não existe uma larva trocófora como nas outras duas classes.

II. ORGANIZAÇÃO GERAL

1. Tegumento

O corpo das sanguessugas é inteiramente coberto por um epitélio uniestratificado constituído por células epiteliais comuns, células sensoriais isoladas ou agrupadas e células glandulares do tipo mucoso **(Brumpt, 1949)**. Existem também glândulas clitelares unicelulares com núcleos multilobados. Estas últimas são especializadas na secreção do casulo e são de dois tipos: algumas segregam uma substância quitinosa que endurece e forma o invólucro do casulo, enquanto as outras produzem um líquido albuminoso que serve para alimentar o embrião.

2. Musculatura

As sanguessugas têm uma musculatura muito poderosa; o corpo é, de facto, altamente contrátil: um indivíduo como *Haemopis sanguisuga*, que mede 12 cm, pode contrair-se até 2,5 cm sob a ação de um fixador. A musculatura das sanguessugas é constituída por fibras musculares lisas de comprimento variável e por uma camada externa de músculos longitudinais que percorrem o corpo e convergem para as extremidades, terminando nas ventosas.

Entre os músculos circulares e longitudinais encontra-se uma camada de músculos oblíquos. Existem também músculos dorso-ventrais, geralmente curtos **(Grasse *et al.*,**

1970).

3. Metalurgia e regiões da carroçaria

O corpo da sanguessuga tem um número definido e constante de metâmeros ou somitos, igual a 34. Este número constante explica-se pela ausência de crescimento pigidial pós-embrionário. Externamente, existem 101 anéis visíveis para 34 metâmeros.

Em *Hirudo medicinalis*, os metâmeros I, II, III, IV, V e VI correspondem a 1, 1, 2, 3, 3 e 3 anéis, respetivamente. Na região média do corpo, cada segmento é subdividido em cinco anéis. O lobo pré-oral e a porção ventral dos primeiros cinco metâmeros contribuem para a formação da ventosa bucal; a ventosa posterior resulta da transformação dos últimos sete metâmeros (XXVII a XXXIV) **(Beaumont et Cassier, 1981).**

Podem ser utilizados quatro elementos para limitar um metâmero:

- Posição metamérica dos nefridióporos: uma ligeira pressão sobre o animal provoca a expulsão de uma gota de líquido dos nefridióporos.
- Posição das papilas sensoriais: São visíveis na superfície dorsal das sanguessugas e estão situadas no anel central de cada metâmero.
- A repetição metamérica de anéis maiores ou mais pequenos do que os seus vizinhos.
- A repetição metamérica de manchas ou riscas coloridas.

O corpo de uma sanguessuga está dividido em 5 regiões **(Minelli, 1977)** (Fig. 1) :

3.1. Região cefálica

É claramente delimitado, com um protómero (que corresponde ao prostómio dos outros anelídeos) e quatro somitos. Os olhos estão situados dorsalmente e a ventosa anterior, na qual se abre a boca, está situada ventralmente.

3.2. Região pré-cliteliana

É curto e composto por quatro somitos que contêm a probóscide, as glândulas salivares e os gânglios cerebrais.

3.3. Região cliteliana

É também conhecido como cinto sexual e é constituído por vários segmentos localizados perto das aberturas genitais. Estes segmentos tornam-se intumescidos durante o período reprodutivo. O orifício masculino abre-se na linha medio- ventral do somito X e o orifício feminino na linha medio- ventral do somito XI. Em *Callobdella laphii*, o somito correspondente ao orifício masculino é de cor vermelha. Esta região contém as glândulas cliteladas que são essenciais durante o período de oviposição.

3.4. Região média

Apresenta geralmente somitos normalmente desenvolvidos, nos quais se pode contar o número de anéis caraterísticos da espécie. Esta região começa a partir do somito XXVI; contém as principais vísceras: sistema circulatório, nefrídios, cavidades celómicas e a maior parte do sistema digestivo.

3.5. Região traseira

É muito musculado, resultado da fusão de seis somitos, e é completamente formado pela ventosa posterior.

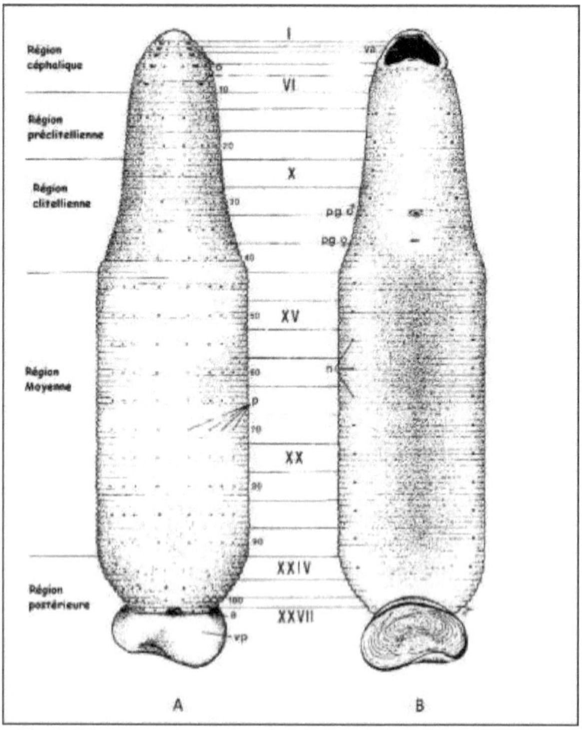

Fig. 1: Diagramas da morfologia externa *de Haemopis sanguisuga.*
A **: vista dorsal ; B : vista ventral, va : ventosa anterior, pg $: poro masculino, pg $: poro feminino, n : nefridióporos, vp : ventosa posterior, a : ânus, I a XXVII: somitos, 1 a 101: anéis (Minelli, 1979).**

4. Ventosas

Estas são caraterísticas da morfologia e da fisiologia dos Hirudinae. Existem, no máximo, duas ventosas: uma na parte anterior, denominada ventosa bucal, e outra na parte posterior, denominada ventosa terminal **(Grasse, 1959).**

4.1. A ventosa frontal

A sua forma permite-lhe exercer uma ação de sucção sobre a superfície em que é aplicada. A sua musculatura raramente é potente e reduz-se geralmente a uma única fibra circular e a alguns músculos longitudinais que se afunilam antes de se inserirem na cutícula.

4.2. A ventosa traseira

Tem sempre uma forma discoide, com a face ventral virada para a face ventral do corpo.

5. Tecido conjuntivo

Um aspeto caraterístico dos Hirudinae é a presença de um tecido conjuntivo superabundante que reduz a cavidade geral a uma rede lacunar celómica. Este tecido conjuntivo, derivado do mesênquima primordial, inclui fibras conjuntivas, células adiposas e células pigmentadas.

As células adiposas são caraterísticas dos Hirudíneos e estão totalmente ausentes noutros anelídeos.

6. Sistema de lacunas

Tipicamente, na *Glossiphonia complanata* o sistema lacunar é constituído essencialmente por :

- **uma lacuna mediana** que atravessa o corpo desde a cabeça até ao ânus e que se divide em: uma lacuna dorsal direita que contém os vasos sanguíneos dorsais e uma lacuna ventral maior que contém os vasos sanguíneos ventrais, o cordão nervoso e as gónadas.
- **lacunas laterais** que correm ao longo dos bordos do corpo, desde a cabeça até ao ânus. Estão unidas à lacuna mediana por um canal circular que acompanha o bordo das duas ventosas anteriores e posteriores.
- [eme]**lacunas intermédias** (entre a lacuna mediana e a lacuna lateral), que são consideradas como expansões da lacuna mediana entre o sexto somito e o ânus. Formam uma rede contínua de ductos que ocupam o espaço entre os músculos dorsais e ventrais, os nefrídios e o tecido conjuntivo.

7. Sistema vascular

Varia consoante se trate de Rhynchobdelles ou Arhynchobdelles :

7.1.Rhynchobdelliformes

O sistema sanguíneo de um *Glossiphonia*, por exemplo, é constituído essencialmente por um vaso dorsal e um ventral, unidos nas duas extremidades do corpo por um certo número de anéis vasculares (Fig. 2).

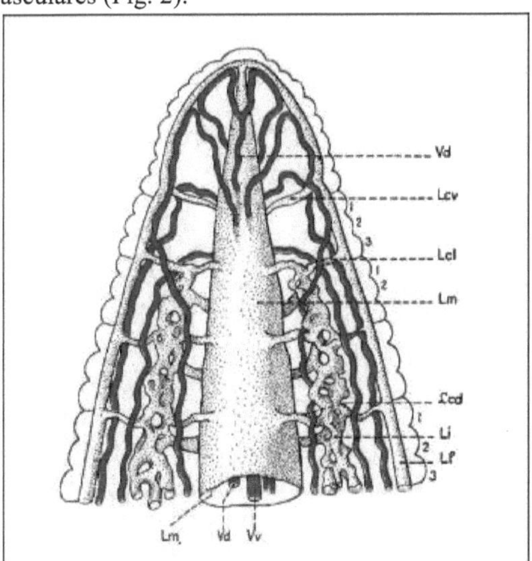

Fig. 2: Relação entre os vasos sanguíneos (em vermelho) e as lacunas celómicas (em preto) em *Glossiphonia complanata* na região anterior do corpo. As lacunas dorsal e ventral se fundem para formar

a lacuna mediana, que contém esses vasos, tanto dorsal quanto ventral. Lcd, Lcl, Lcv: lacuna de comunicação dorsal, lateral, ventral; Li: lacuna intercalar, Ll: lacuna lateral, Lm: lacuna mediana; Vd, Vv: vasos sanguíneos dorsais e ventrais, 1, 2, 3: anéis sucessivos do mesmo segmento (Grasse, 1959).

O sangue da Rhynchobdellae é incolor ou muito pouco colorido; é ligeiramente rosado na *Glossiphonia complanata.* Na Glossiphonia complanata não existe hemoglobina própria.

7.2.Arhynchobdelliformes

Em *Erpobdella*, considerada como um exemplo de Arhynchobdellae, o sistema vascular definitivo compreende :

- Vaso ventral que contém a cadeia nervosa e que se projecta ao nível dos gânglios.
- Dois vasos laterais que vão de uma extremidade à outra do corpo.
- Duas redes capilares finas.
- Navios bastante grandes.
- Os vasos transversais ligam o vaso ventral aos vasos laterais.

O sistema circulatório de *Hirudo* tem o mesmo plano estrutural que o de *Erpobdella*, mas com a adição de um vaso dorsal. As redes capilares intersticiais e subepidérmicas são extremamente densas. O sangue das Arhynchobdellae é de cor vermelha devido à hemoglobina dissolvida no plasma.

8. Sistema respiratório

Os Hirudineae, com algumas excepções, não têm um sistema respiratório separado; as suas trocas gasosas ocorrem através da epiderme. Nos Glossiphoniidae, a respiração é essencialmente cutânea. É facilitada pelos movimentos ondulatórios rítmicos do animal. Para que esta função se realize, a epiderme deve estar húmida. O fraco desenvolvimento das glândulas cutâneas nos Clepsinidae, tomados como exemplo dos *Glossiphoniidae*, explica a sua fraca resistência ao ar.

Nos Erpobdellidae e Hirudinidae, uma densa rede de capilares sanguíneos estende-se mesmo entre grupos de células epidérmicas. Várias espécies de Hirudinae são capazes de utilizar o oxigénio do ar e o oxigénio dissolvido na água, como é o caso *de Haemopis sanguisuga* e *Trocheta subviridis.*

9. Sistema excretor

Para além do rim acumulado, que nas Hirudinae mais organizadas forma o tecido botrioide, todas as sanguessugas têm um sistema excretor segmentar composto por um número de pares de nefrídios que varia entre 10 e 17 pares.

9.1.Nefrídios

Inicialmente, um nefrídio (Fig. 3) é constituído por uma cápsula cega que encerra um órgão fagocitário, cuja base é contígua à extremidade do tubo nefridial propriamente dito. Esta cápsula é encimada por um funil que a coloca em comunicação com o celoma. O tubo nefridial é um canal excretor circunferencial muito longo que se volta sobre si próprio várias vezes e é atravessado por uma fila de células sem cílios. Conduz a uma bexiga terminal revestida por epitélio ciliado e que se abre externamente com um nefridióporo **(Grasse, 1959).**

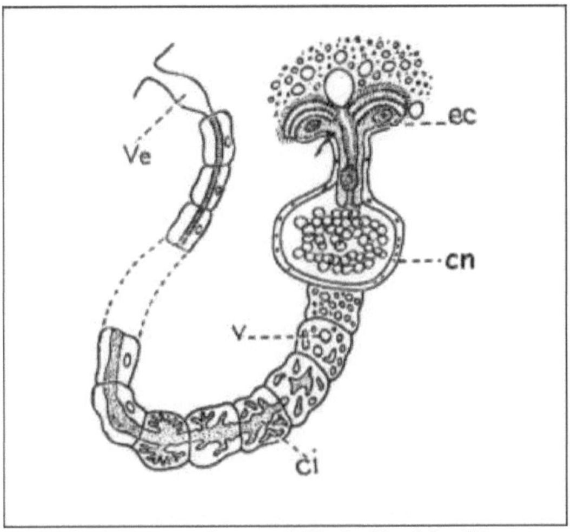

Fig. 3: Esquema de um nefrídio de Glossiphoniidae.
Ci: canal intracelular, ec: funil ciliado cn: cápsula nefridial, v: vacúolos com grânulos excretores, Ve: bexiga terminal (Grasse, 1959).

10. Sistema nervoso

O sistema nervoso das sanguessugas baseia-se no tipo geral do dos anelídeos, mas é mais desenvolvido do que o dos oligoquetas. Os gânglios têm uma estrutura mais sofisticada, provavelmente devido à complicação da musculatura.

Existe um sistema nervoso central, um sistema nervoso periférico e um sistema nervoso simpático **(Grasse, 1959).**

10.1. Sistema nervoso central

O sistema nervoso central é constituído por :

- **Massa periparíngea**: constituída por gânglios cerebroespinhais situados acima da faringe e por gânglios ventrais denominados gânglios subfaríngeos. Uma longa comissura transversal une os gânglios cerebroides.
- **Cadeia ventral:** constituída por gânglios isolados situados atrás da massa peripharyngeal. Os neurónios estão contidos exclusivamente nos folículos, no interior dos gânglios. A cadeia ventral compreende 27 ou 28 neurómeros, que vão do neurómero VII ao neurómero XXXIV.

Cada gânglio tem 6 folículos neuronais. De cada lado do gânglio partem 2 nervos: um anterior e um posterior mais pequeno.

- **Massa posterior:** constituída pelos últimos 7 neurómeros (Fig. 4), o último dos quais, descrito como anal, é rudimentar. Os nervos estão dispostos como na cadeia ventral.

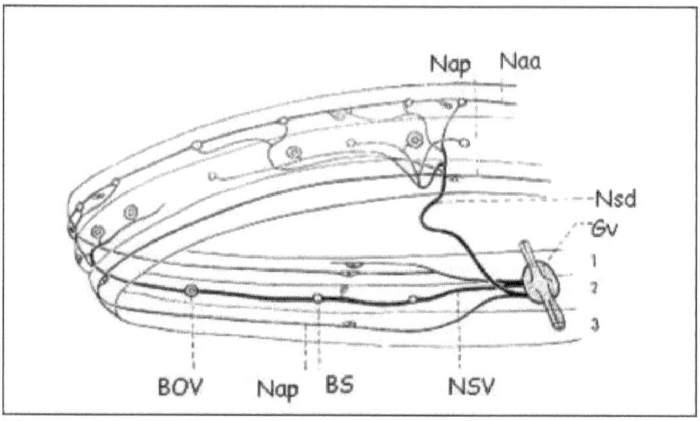

Fig. 4: Diagrama de um neurómero de *Theromyzon tessulatum* 1, 2 e 3: anéis de somite, Bs: botão sensorial, Bov: botão sensorial com células da retina, Gv: gânglios ventrais, Naa, Nap: nervos anulares anteriores e posteriores, Nsd: nervo segmentar dorsal ou lateral, Nsv: nervo segmentar ventral (Grasse, 1959).

10.2. Sistema nervoso periférico

É constituído essencialmente por nervos provenientes da massa peripharyngeal, da cadeia ventral e da massa nervosa posterior. Estes nervos ramificam-se e enviam as suas terminações para as vísceras e os tegumentos.

10.3. Sistema nervoso simpático ou estomatogástrico

De cada lado do colar peripharyngeal corre um feixe de fibras, virado para dentro, dando origem a 3 troncos nervosos: 1 dorsal, 1 lateral e 1 ventral. Este último apresenta uma pequena tumefação ganglionar. As fibras destes 3 nervos simpáticos ramificam-se num plexo complexo, dando a imagem de uma rede; anteriormente, o ramo simpático, que se bifurca nos nervos dorsal e lateral, envia feixes de fibras para a parede da faringe anterior.

11. Sistema digestivo

Tipicamente, o trato digestivo das Hirudineae pode ser dividido em três regiões distintas: anterior, média e terminal **(Doin, 1952)** (Fig. 5).

11.1. Região anterior

É coberto ao longo de todo o seu comprimento por uma cutícula. A sua morfologia é utilizada como base para a divisão sistemática das sanguessugas:

Rhynchobdelles: têm uma probóscide.

Arynchobdellae: não têm probóscide e têm duas ou três mandíbulas serrilhadas (Gnathobdellae) ou três protuberâncias, salientes longitudinalmente e musculadas (Pharyngobdellae).

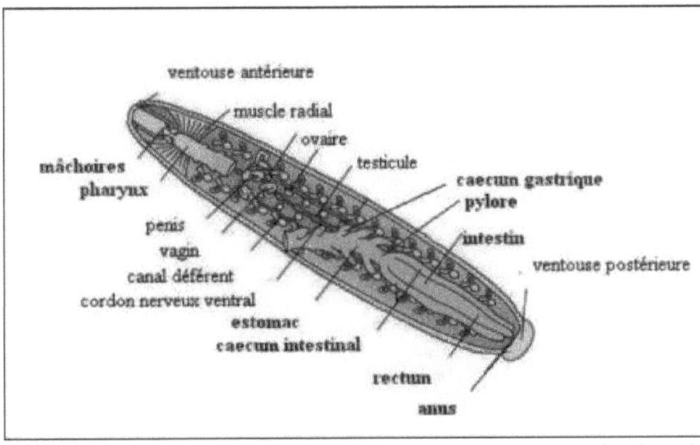

Fig. 5 : Organização geral do sistema digestivo nos Hirudíneos (Anónimo1 : website).

Esta região anterior abre-se num orifício bucal. Trata-se de uma fenda longitudinal cortada no prostómio em posição ventral. Esta boca é seguida de uma vasta cavidade que contém a probóscide.

A probóscide dos Rhynchobdellae é, ela própria, uma faringe. Tem uma forma cilíndrica (Fig. 6) e é extremamente contrátil, podendo alongar-se e contrair-se, e tem movimentos peristálticos que facilitam a ingestão de alimentos.

11.2. Região média ou gástrica

Contém a parte do trato digestivo que é normalmente coberta pelo ceco grande. Nesta região encontra-se o resófago, que é uma porção rectilínea do tubo digestivo. Une o estômago à base do tubo e tem um lúmen bastante estreito no centro, frequentemente em forma de estrela devido à presença de pregas longitudinais. A porção média do tubo digestivo é uma cavidade achatada e vacuolada com um par de divertículos no primeiro anel de cada somito atravessado.

O estômago possui uma musculatura poderosa, constituída por fibras ramificadas. Os ramos das diferentes fibras intersectam-se obliquamente, formando uma rede fortemente tecida.

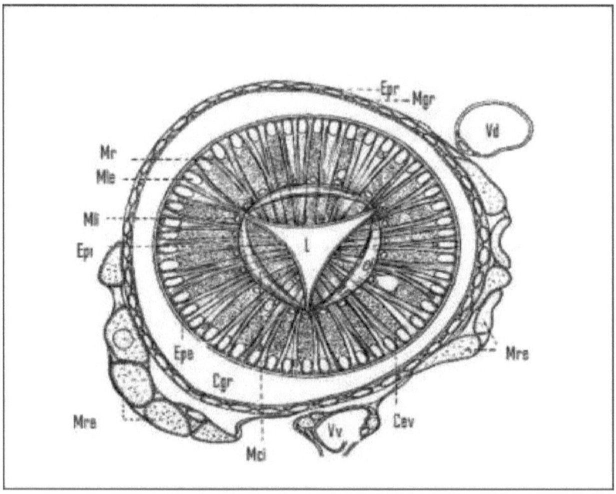

Fig. 6 : Secção transversal da probóscide.

Cev: glândula salivar que evacua os canalículos em *Haementeria costata*, Cgr: cavidade da bainha rostral, Epe: epitélio externo rostral, Epi: epitélio interno rostral, Epr: epitélio da bainha rostral, L: cavidade rostral, Mci: músculos circulares, Mgr: musculatura da bainha rostral, Mle e Mli: musculatura longitudinal externa e interna, Mr: músculos radiais, Mre: músculos retrácteis do rostro, vd: vaso dorsal; vv: vaso ventral (Grasse, 1959).

11.3. Região terminal ou intestinal

É mais curto do que a região anterior e geralmente apresenta um pequeno ceco. Uma porção mais estreita, dotada de um esfíncter, forma um verdadeiro piloro e constitui a transição entre a região gástrica e o intestino. O trato intestinal tem quatro pares de divertículos, que são maiores do que o ceco gástrico e estão localizados acima dos testículos. As células epiteliais aqui são menos elevadas do que no estômago, mas a sua cutícula estriada é muito mais pronunciada e muito mais alta. Em muitas espécies, o intestino não tem musculatura própria. Por vezes, é dotado de algumas fibras do tipo lateral. Esta porção termina num canal rectal precedido de uma ampola rectal e conduz ao ânus dorsal.

12. Reprodução

As sanguessugas são hermafroditas, com gónadas emparelhadas que se encontram geralmente numa posição fixa. Existe sempre um único par de ovários situado em frente de vários pares de testículos. Normalmente, existe apenas um orifício para cada sexo. O orifício masculino está sempre situado à frente do orifício feminino. Estes orifícios abrem-se na região clitoriana nos somitos X e XI.

12.1. Dispositivo macho

O trato genital masculino (Fig. 7) é constituído por vários pares de sacos testiculares, cujo número varia de espécie para espécie. Estes sacos estão dispostos segmentarmente a partir do somito XII, alternando com o ceco do estômago. Cada testículo tem um ducto eferente que conduz ao ducto deferente que, de cada lado, ascende até ao décimo primeiro somito, passando por baixo do ceco digestivo. Cada ducto deferente alarga-se para formar uma vesícula seminífera e volta a estreitar-se para formar um ducto ejaculatório, cuja parte terminal está cheia de glândulas **(Minelli, 1979)**. Os dois ductos ejaculatórios unem-se na parte anterior numa câmara comum ou átrio. O átrio desenvolve o espermatóforo nas espécies fecundadas indiretamente, ao passo que se torna um órgão copulatório funcional nas espécies fecundadas diretamente. O orifício masculino está situado entre o segundo e o terceiro anéis do décimo primeiro somito.

Nos Erpobdellidae, verifica-se uma multiplicação do número de testículos, com perda do dispositivo segmentar. Disseminados por todo o parênquima, estão ligados por estreitos ductos eferentes ao ducto deferente comum, que também se encontra inteiramente embutido no tecido parenquimatoso.

Nos Hirudinidae, o aparelho masculino é mais complexo, com 9 a 10 pares de testículos.

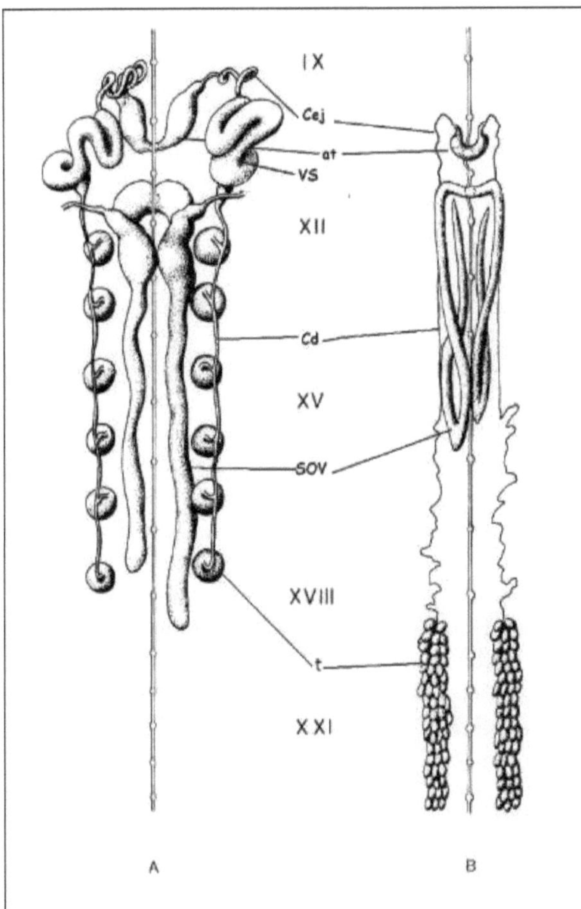

Fig. 7 Genitália masculina e feminina de um Glossiphoniid (A: *Placobdellaparasitica*) e de um Erpobdellid

(B: *Erpobdella sp.*) Os números romanos correspondem ao metamerismo. ca: ceco do saco ovariano, at: átrio, ce: ducto eferente, cej: ductos ejaculatórios, cd: ducto deferente, vs: vesícula seminal, sov: saco ovariano, t: testículos (Minelli, 1979).

12.2. Dispositivo fêmea

Os órgãos genitais femininos são constituídos por 2 sacos alongados ou ovisacos (Fig. 7) colocados na lacuna mediana ventral, junto aos canais ejaculadores, abaixo do trato digestivo. Durante o período de repouso sexual, são apenas dois pequenos cordões cilíndricos que ocupam o comprimento de 2 segmentos. Durante o período ativo, crescem consideravelmente. Os sacos ováricos unem-se no orifício feminino para formar um oviduto comum.

Cada ovisaco pode ser considerado como uma porção de um creloma delimitado por uma parede bem definida e contendo o ovário, que é um cordão celular sólido.

13. Acoplamento

O acasalamento ocorre de duas formas distintas:

- **Modo indireto**

Por implantação de um espermatóforo na parede do parceiro, este modo é caraterístico das espécies sem pénis (Rhynchobelliformes (têm um tubo) e Pharyngobdelliformes (têm uma faringe sem mandíbula). A fecundação é hipodérmica.

- **Modo direto**

Por intromissão do pénis de um parceiro na vagina do outro. Este método é caraterístico dos Gnathobdelliformes (que possuem uma faringe armada com uma mandíbula). A fecundação é direta: o órgão copulador masculino de um parceiro penetra no interior do gonóporo feminino do outro parceiro; neste caso, a fecundação é recíproca **(Kutschera et Writz, 2001)**. É de notar que todas as sanguessugas são ovíparas e que a sua oviposição, formada por um certo número de ovos caraterísticos da espécie, é encerrada num casulo.

1. .1. Rhynchobdelliformes

O acasalamento envolve a emissão de um espermatóforo cujo muco circundante endurece em contacto com a água. Cada espermatóforo é constituído por 2 túbulos abertos na sua extremidade proximal. Estes estão cheios de espermatozóides e as suas partes proximais contêm um plasma granular com propriedades proteolíticas **(Doin, 1952)**.

O espermatóforo é expelido e depois fixado à parede do parceiro pela contração dos músculos do átrio. Esvazia os seus espermatozóides no tecido do recetor, cujos tegumentos são lisados por uma protease contida no espermatóforo. A injeção dos espermatozóides é devida à pressão produzida pela tensão das paredes, que se retraem em contacto com a água. Os cônjuges glossifonídeos, tomados como exemplo nos Rhynchobdelliformes, mantêm-se unidos pela ventosa da boca, que fixam num ponto do clitelo. Os espermatóforos são então depositados nesta zona, seguindo-se a injeção dos espermatozóides na cavidade geral, infiltrando o tecido vetorial de uma extremidade à outra (Fig. 8). A auto-fertilização foi observada em Glossiphoniidae por *Helobdella robusta* **(Weisblat & Huang, 2001)**.

2. .2 Faringobdeliformes

Nos Erpobdellidae, tomados como exemplo dos Pharyngobdelliformes, os espermatóforos são constituídos por uma placa basal espessa encimada por dois prolongamentos cónicos. As suas paredes são tão espessas e rígidas que o esperma só é injetado através dos tecidos graças à poderosa musculatura dos canais ejaculadores. O espermatóforo não sai dos órgãos sexuais durante a cópula.

13. 3. Gnathobdelliformes

Os Hirudinidae, tomados como exemplo dos Gnathobdelliformes, deslocam-se em direção uns aos outros de barriga para baixo e em direcções opostas, de modo que o orifício masculino de um se sobrepõe ao orifício feminino do outro e vice-versa.

A cópula ocorre por intromissão do pénis no trato genital feminino. Neste caso, não há espermatóforos e, portanto, não há cópula hipodérmica. As espécies desta ordem são todas caracterizadas pela presença de um pénis.

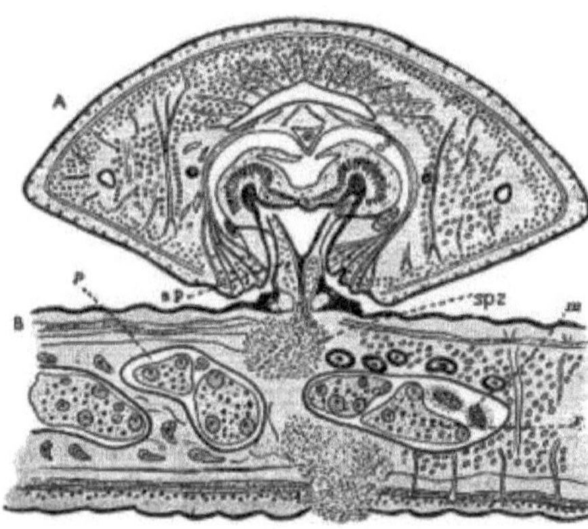

Fig. 8: Secção através do ponto de acasalamento de duas *Erpobdella octoculata*. m: massa de espermatozóides que entra no ovário, p: parede do ovário infestada de espermatozóides, r: ráquis do ovário, sp: espermatóforos do sujeito A (dador CT) que injectam espermatozóides nos tecidos do sujeito B (recetor CL), spz: espermatozóides (Grasse, 1959).

14. Ovos e casulos

Na altura da postura dos ovos, há uma hipersecreção de muco na região clitelar. Para o animal, esta zona forma uma espécie de cinto, que é removido por contracções repetidas de todo o corpo.

Fig. 9 : Casulo de *Glossiphonia complanata* preso a um suporte. Os ovos são claramente visíveis através da parede transparente do casulo (Grasse, 1959).

Os segundos ovos são colocados num casulo. O casulo é uma espécie de cápsula ovoide de consistência variável, delimitada por uma substância que parece córnea (Fig. 9).

A oviposição ocorre em períodos variáveis após o acasalamento: (*Glossiphonia complanata:* 8-21 dias, *Hirudo medicinalis:* 1-19 dias, *Erpobdella sp.*: 2-20 dias).

No hemisfério norte, os períodos de desova são de março a outubro, consoante as espécies **(Grasse, 1959).**

As crias são alimentadas por um líquido rico em proteínas segregado pelas glândulas clitelinas e contido no casulo.

14.1. Glossiphoniidae

Os seus casulos são duros, córneos e translúcidos. São colados a suportes ou agarrados ao ventre do animal.

A Glossiphonia complanata põe 3-8 casulos transparentes, cada um contendo 11-50 ovos, uma vez por ano.

A Glossiphonia heteroclita põe ovos 2 a 3 vezes por ano, produzindo de cada vez um casulo com cerca de trinta ovos.

14.2. Piscicolidae

Neste caso, os casulos são aplicados contra vários suportes: pedras, plantas, etc. Uma exploração piscícola tem capacidade para produzir 50 casulos. Estes têm um invólucro de aspeto quitinoso e estão cheios de uma substância albuminosa segregada pelas glândulas cliteladas. Cada casulo contém apenas um ovo.

14.3. Erpobdellidae

Em *Erpobdella octoculata*, o desenvolvimento do casulo dura cerca de vinte minutos. O casulo é semelhante a uma escama, achatado e preso a plantas submersas. Cada casulo encerra vários ovos.

14.4. Hirudinídeos

Os casulos *de Hirudo medicinalis* são de consistência bastante firme e têm 2 a 3 cm de comprimento e 1 cm a 1,5 cm de largura. São colocados em terra, mesmo quando a sanguessuga é aquática. Sob a influência da humidade, o seu invólucro torna-se esponjoso e pode ver-se um grande número de pequenos ovos no seu interior.

15. A relação dos jovens com a sua mãe

Os Glossiphoniidae não abandonam a sua descendência. Cobrem os casulos com o corpo e, quando eclodem, as crias fixam-se à face ventral da mãe com as ventosas posteriores. *Marsupiobdella africana* possui igualmente uma câmara de incubação.

16. Ciclo reprodutivo

- *A Glossiphonia complanata* e *a Erpobdella octoculata* reproduzem-se com um ano de idade e uma segunda vez com 2 anos de idade; cada ninhada tem 26 crias. **Mann (1957)** sugere que alguns *Glossiphonia complanata* podem viver 4 anos.
- *A Helobdella stagnalis* reproduz-se na primavera. Após a libertação das crias, os reprodutores morrem em maio. Os seus descendentes podem reproduzir-se no outono, mas uma parte da população passa o inverno e reproduz-se na primavera do ano seguinte. A longevidade é inferior a 12 meses.
- *O Theromyzon tessulatum* põe de 60 a mais de 600 ovos. Reproduz-se apenas uma vez e depois morre. A sua duração de vida é estimada em 17 meses.

III. ECOLOGIA

Foram efectuadas observações ecológicas sobre sanguessugas de água doce. A água doce é classificada de acordo com o seu teor de matéria orgânica em :

J Eutrófico :

Um curso de água que se tornou enriquecido com nutrientes dissolvidos, visualmente evidente pelo crescimento abundante de plantas aquáticas.

J Oligotrófico :

Um curso de água caracterizado por baixa biomassa e baixa disponibilidade de nutrientes, metais vestigiais e/ou factores de crescimento.

J Dystrophic :

Estas águas caracterizam-se por alterações químicas importantes, devido a um aporte excessivo de nutrientes, acompanhado de níveis de oxigénio permanentemente baixos ou de anoxia, o que leva à eliminação da maioria das unidades populacionais de peixes bentónicos e demersais exploráveis.

Nas regiões paleárcticas, as águas muito distróficas não contêm geralmente sanguessugas, enquanto as águas oligotróficas são regularmente frequentadas por *Erpobdella octoculata* e as águas eutróficas por *Helobdella.*

O pH da água influencia a distribuição de várias espécies. De facto, a maioria parece preferir águas neutras ou ligeiramente alcalinas, enquanto outras conseguem suportar níveis de pH baixos. Em geral, porém, as sanguessugas não toleram uma acidez elevada e habitam águas com um pH entre 6,3 e 7,2 **(Minelli, 1977).**

A temperatura, por sua vez, parece ser um fator importante na atividade reprodutiva das sanguessugas. De facto**, Biernacka e Davies (1994)** mostraram que, em *Nephelopis obscura,* a temperatura e a ingestão de alimentos têm influência na biomassa das gónadas, tal como acontece com *Helobdella triserialis* **(Gullo, 2003)**. Para cada espécie, existe uma temperatura abaixo da qual a reprodução está ausente (16° para *Hemiclepsis marginata*, 12° para *Theromyzon tessulatum*) **(Perret, 1952).** Por outro lado, a temperatura letal parece oscilar entre 33°c e 40°c **(Minelli, 1977)**. A temperatura não desempenha um papel importante no processo de mudança de cor **(Sawyer et Davies, 1974).**

IV. CLASSIFICAÇÃO

A classificação dos Hirudinees varia consoante os autores; neste resumo, apresentamos a mais recente proposta por **Govedich (2001)** e a mais clássica proposta por **Grasse (1959)**.

1. Classificação de Govedich, 2001

Govedich (2001) propôs a seguinte classificação:

Filo : Anelídeos

Classe: Clitellata Subclasse: Hirudinea Subclasse: Acanthobdellida Subclasse: Euhirudinea

Ordem: Rhynchobdellida

Famílias: Glossiphoniidae

Piscicolidae

Ozobranquídeos

Heptaciclídeos

Platybdellidae Mysiodobdellidae Austrobdellidae

Ordem : Arhynchobdellida

Superfamília: Erpobdelloidea

Família: Erpobdellidae

Superfamília: Gnathobdelloidae

Família: Ornithobdellidae

Limnobdellidae

Hirudinídeos

Haemadipsidae

De acordo com **Govedich (2001),** os Hirudíneos incluem os Euhirudíneos e os Acanthobdellídeos. Estes últimos têm afinidades e caraterísticas em comum com os Oligochetes (presença de seda), enquanto os Euhirudinees incluem todas as "verdadeiras sanguessugas".

Os Euhirudinees estão divididos em duas ordens:

- Rhynchobdelles: Têm probóscide.
- Arhynchobdelles: Não têm probóscide.

Esta ordem compreende duas superfamílias:

- Erpobdelloidea: São sanguessugas com estiletes faríngeos.
- Gnathobdelloidae: São sanguessugas armadas com mandíbulas, cujo número desempenha um papel importante na classificação. De facto, podem ser duas mandíbulas (Dignathes) ou três (Trignathes). As mandíbulas estão equipadas com um número de dentes caraterístico da espécie, dispostos numa única fila (Monostichodontes) ou em duas filas (Distichodontes).

2. Classificação de Grasse, 1959

De acordo com **Grasse, 1959**, os Hirudíneos estão divididos em 4 ordens, 127 géneros e mais de 300 espécies.

2.1. Ordem Acanthobdelliformes

Esta ordem é notável pelas caraterísticas que tem em comum com os Oligochetes.

Contém apenas uma família com um único género.

J **Família Acanthobdellidae**

O único género *Acanthobdella* forma um grupo de transição com os Oligochetes; tem uma única ventosa posterior. Os segmentos 2 a 6 apresentam 4 filas duplas de cerdas. As cavidades celómicas são reconhecíveis. Estes animais são parasitas dos salmonídeos.

2.2. Ordem Rhynchobdelliformes

Esta ordem caracteriza-se pela presença de uma probóscide devaginável e de um sistema vascular desenvolvido. Não existem espécies terrestres.

Família Glossiphoniidae

As espécies desta família têm um corpo foliáceo achatado dorsoventralmente. Os órgãos internos são visíveis através da pele. A ventosa anterior é apenas ligeiramente desenvolvida em comparação com a ventosa posterior, que é discoide. As mandíbulas estão ausentes e são substituídas por uma probóscide. O número de olhos varia de espécie para espécie. Os Glossiphonidae são frequentemente parasitas de invertebrados de água doce como a *Glossiphonia* (clepsina) e vivem de physes (moluscos). Não são bons nadadores e encontram-se geralmente agarrados à superfície da água.

substrato. Esta família caracteriza-se por um elevado nível de proteção parental. As crias agarram-se à barriga da mãe, que as alimenta com uma secreção albuminosa.

Família Piscicolidae

Os membros desta família têm um corpo cilíndrico com ventosas muito desenvolvidas. São parasitas de peixes: *Pontobdella* parasita as raias, os torpedos *Branchellion* e os peixes de água doce *Piscicola.*

2.3. Ordem Pharyngobdelliformes

Família Erpobdellidae

Esta família caracteriza-se por um corpo cilíndrico vermiforme e uma boca que ocupa toda a parte anterior da ventosa. Podem estar presentes estiletes faríngeos. Os maxilares e os cecos digestivos estão ausentes. As espécies desta família são predadoras. Alimentam-se de larvas de insectos e de Oligochetes. Os casulos, semelhantes a escamas, encontram-se agarrados a pedras ou a plantas submersas.

Família Semiscolecidae

Os Semiscolecidae têm uma mandíbula e cecos gástricos rudimentares. Geralmente há mais de um par de testículos por segmento.

J **Família Trematobdellidae**

As espécies desta família têm um trato digestivo com uma válvula estreita que lhes permite comunicar com o mundo exterior.

J **Família Amcricobdcllidac**

São Hirudíneos neotropicais, em que o somito médio é composto por 5 anéis. Existem seis pares de olhos e nove pares de testículos. Os poros genitais estão separados por 5 anéis. O pénis e a vagina estão ausentes. Os ovários sacados conduzem ao gonóporo feminino. Existem 17 pares de nefrídios. A boca e a faringe são grandes. Os maxilares estão ausentes.

Família Xerobdellidae

São hirudíneos terrestres e hematófagos. O género *Xerobdella* tem 8 pares de olhos e um par de apêndices tentaculares no quinto segmento. O género *Diestecostoma* tem um somito decamere.

2.4. Ordem Gnathobdelliformes

Família Hirudinidae

Os Hirudinidae têm um corpo cilíndrico e vermiforme, três pares de mandíbulas armadas com 40-60 dentes bem desenvolvidos e cinco olhos arqueados. As espécies desta família são consideradas boas nadadoras. São tipicamente sanguessugas de água doce, ectoparasitas hematófagos de mamíferos, aves, répteis e anfíbios. Esta família não tem proteção parental para os juvenis.

Família Haemadipsidae

Estas sanguessugas terrestres vivem em arbustos e árvores. *A Haemadipsa* ataca o homem e o gado e é um verdadeiro flagelo para os viajantes.

Os membros desta família têm uma faringe pouco musculada, longa e sem mandíbula, e um tubo digestivo sem cecos. Os testículos são pequenos, numerosos e dispersos.

Posteriormente, foram efectuados outros estudos de classificação, entre os quais os trabalhos de **Soos (1966, 1967, 1968** e **1969**) e os de **Sawyer (1986)** e **Govedich (2001),** cuja síntese já foi apresentada. No nosso estudo sistemático, utilizámos as chaves de determinação propostas por Sawyer (1986). Este suporte é considerado como o mais completo e pormenorizado.

V . PARASITISMO

Para além da ação espoliadora que certas Hirudinas exercem no organismo humano, são capazes de transmitir vários parasitas humanos. Estes parasitas estão presentes nos seus corpos e são transmitidos hereditariamente.

O Hirudo medicinalis foi estudado como um possível vetor de germes. Esta sanguessuga pode armazenar no seu estômago o bacilo de Koch (60 dias), o bacilo de Eberth (7 dias), o bacilo paratifoide B (3 meses), o bacilo de Rouget do porco (10 dias), a bactéria do carbúnculo (10-14 dias), vírus do tifo exantemático (2 dias), vírus da peste suína (20 dias), vírus da varíola aviária, espiroqueta da febre recorrente (4-20 dias), espiroquetose aviária (7 dias), *Trypanosoma brucei* (3 dias) e *T. equiperdum* (4 dias), e parasitas da malária (3-4 dias).

Estes parasitas vivos estão facilmente disponíveis, não só para fins puramente científicos, mas também para fins terapêuticos (piretoterapia, terapia da malária, terapia da paralisia geral, etc.) **(Grasse, 1959).**

VI . TERAPIA

As sanguessugas (*Hirudo medicinalis*) são utilizadas na medicina desde a antiguidade. A imagem da sanguessuga é a de um verme viscoso que se alimenta de sangue e pode transmitir doenças aos seres humanos.

A hirudina, extraída da saliva das sanguessugas, possui inúmeras virtudes. De facto, é analgésica, anticoagulante, antibacteriana, anti-inflamatória e anestésica. Todas estas caraterísticas são interessantes para o tratamento da artrose (deterioração da cartilagem articular, causando dor crónica, rigidez, inchaço das articulações e, por vezes, incapacidade de se mover). O grande Louis Pasteur aplicou-o no rosto para aliviar os sintomas da sua paralisia facial **(Grasse, 1959).**

O nosso presente trabalho é um estudo preliminar da biodiversidade das sanguessugas na Tunísia. Permitiu-nos obter os seguintes resultados:

CAPÍTULO II

MATERIAIS E MÉTODOS

1. MATERIAL

1. Apresentação do ambiente de estudo

1.1. Localização geográfica

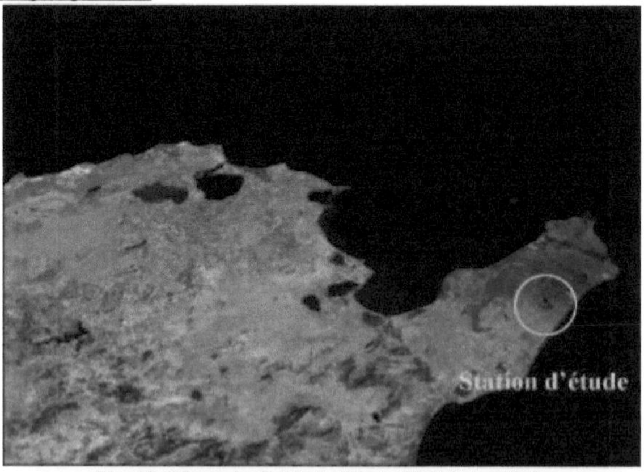

Fig. 10: Mapa do Golfo de Túnis (N.A.S.A, 2006).

Fig. 11: Mapa da barragem de Lebna (N.A.S.A, 2006).

A barragem de Lebna está situada em Cap Bon, a cerca de 80 km da cidade de Tunes, perto da cidade de Menzel Temime, na província de Nabeul. Retém as águas do Oued Lebna. Este último tem dois afluentes: o oued El Oudiane e o oued Bou Dokhane em Henchir El Bendara, que ligam a região de Korba a Menzel Temime antes de desaguar no mar Mediterrâneo. O oued Lebna caracteriza-se por águas estagnadas de afinidade básica, com uma salinidade compreendida entre 0,57g /1 e 2,9g/l **(Harrath, 1999).**

Fig. 12: Fotografia da barragem de Lebna.

As amostras de Annelides Achetes foram recolhidas na barragem instalada no curso do rio Oued Lebna. Este último está poluído pelos resíduos da fábrica de tomates situada ao lado.

1.2. Retiradas

[2]A amostragem foi efectuada no bordo do passeio de 22 m de comprimento e 0,5 m de largura, cobrindo uma área de 11 m ao nível da torre de entrada (Fig. 12).

Foram efectuadas colheitas mensais para estudos ecológicos e biométricos.

2. Material Biológico

2.1. Captura

Os hirudíneos são lucifugas. Os indivíduos podem ser encontrados debaixo de seixos. São recolhidos delicadamente com um pincel humedecido (Fig. 13) e depois colocados num frasco com água da barragem. Em certas épocas do ano, quando a temperatura é bastante elevada (cerca de 30°C), verificámos que os animais transportados não resistem e perecem durante o transporte. Para evitar este inconveniente, é aconselhável transportá-los em condições de temperatura comparáveis às do seu biótopo, colocando-os num ambiente isotérmico, como um frigorífico.

Fig. 13: Recolha de Hirudinees no terreno.

2.2. Reprodução em laboratório

As sanguessugas recolhidas podem ser criadas em laboratório durante vários meses. São colocadas em frascos de vidro fechados, pois podem emergir e morrer. Os frascos devem ser arejados de vez em quando. Estes vermes são alimentados, pelo menos uma vez por semana, com pequenos pedaços de fígado, que são dados e retirados durante um dia. A água utilizada para a criação dos vermes provém da barragem onde os vermes foram colhidos. A água é mudada diariamente ou de dois em dois dias, depois de retirados os dejectos, dos quais a maior parte são secreções mucosas.

No entanto, conseguimos reproduzir-nos em água da torneira recolhida com 2 a 3 dias de antecedência, noutro recipiente, de modo a minimizar o efeito da lixívia.

II. MÉTODOS

Isto implica a recolha de amostras de parâmetros ecológicos e ambientais e o estudo dos animais em laboratório.

1. Parâmetros ecológicos

1.1. Factores abióticos

a. A temperatura

Todos os meses, a temperatura da água é medida alguns centímetros abaixo da superfície com um termómetro vulgar graduado em graus Celsius.

b. Salinite

A salinidade é medida com um salinómetro YSL modelo 33. As medições são efectuadas mensalmente durante o período de estudo.

c. O pH

O pH da água é determinado no laboratório com um medidor de pH GENWAY modelo 3510.

Para além dos factores abióticos do meio, os factores bióticos permitem tratar o povoamento onde a espécie vive.

c.2. Cálculo de alguns parâmetros

a. Riqueza específica (S)

A riqueza específica de um povoamento é o número total de espécies encontradas num sistema durante o período de um ano.

b. Abundância relativa (Ar)

A abundância relativa de uma espécie é definida pela relação entre o número de indivíduos dessa espécie **(n)** e o número total de indivíduos colhidos **(N)**; esta relação é reduzida a 100 :

$$Ar = n / N \times 100$$

Esta percentagem reflecte a importância e a dominância das espécies no povoamento.

c. Densidade média (Dm)

^{2}Corresponde ao rácio entre o número total de indivíduos (n) e a superfície total das amostras (Sp = 11m). ^{2}É expresso em número de indivíduos por m :

$$Dm = n / Sp$$

2. Técnicas de estudo dos animais em laboratório

2.1. Morfologia externa e interna

As diferentes espécies são primeiro selecionadas a olho nu. Foram examinadas as caraterísticas morfológicas, como o número de olhos e a sua localização, o número de anéis que separam os dois gonóporos (masculino e feminino), o sistema digestivo, incluindo o número de cecos digestivos e a sua estrutura (simples ou lobada), e o sistema reprodutor, incluindo o número e a estrutura dos testículos e do ovisaco. A observação laboratorial foi efectuada com uma lupa estereoscópica, em espécimes fixados em álcool a 70% de várias idades e tamanhos, bem como em espécimes dissecados. Algumas medições foram efectuadas com um micrómetro incorporado na ocular de uma lupa. Os critérios representativos são fotografias para o estudo descritivo.

2. 2. Biometria

O estudo biométrico é efectuado com o objetivo de estudar os ciclos sexuais. Os animais recolhidos e trazidos para o laboratório são diretamente selecionados e classificados por espécie. Em seguida, são colocados um a um num cristalizador, com papel milimétrico colocado por baixo. Esperamos que o animal atinja a sua extensão máxima e medimos o seu comprimento em centímetros. Tentámos anestesiar os animais, mas verificámos que os vermes se contraem sob o efeito do álcool.

2. 3. Processamento de dados

Os resultados obtidos são expressos como médias seguidas do erro padrão da média. Este último é representado nos gráficos por barras de erro.

Cálculo da média (m)

A média (**m**) é igual à soma dos dados, dividida pelo número de dados:

$$m = \frac{\sum_{i=1}^{N} X_i}{N}$$

x_i = valores diferentes da variável.
N = dimensão da amostra.

Cálculo do erro padrão (Sm)

$$Sm = \frac{S}{\sqrt{N}}$$ **(Schwartz, 1963)**

N = dimensão da amostra
S = o desvio padrão dado pela seguinte relação :

$$S = \sqrt{\frac{\sum (xi - m)^2}{N - 1}}$$ **(Schwartz, 1963)**

Análise estatística

As correlações entre o número de cada espécie e os três parâmetros ecológicos (T, pH e Salinidade) foram estudadas utilizando o Microsoft Excel e o software STATISTICA 6.0 (teste de Spearmann). Foi calculado um coeficiente R de Spearmann e um valor de probabilidade p menor ou igual a 0,05 foi considerado estatisticamente significativo.

2. 4. dissecação

Para observar a ausência ou a presença da probóscide e notar as diferenças anatómicas dos órgãos genitais em algumas espécies destes Hirudinae, é necessário fazer uma dissecação.

Dos animais recolhidos, são selecionados espécimes maduros e de grandes dimensões para dissecação. O método preferido para sacrificar estes animais é colocá-los durante alguns minutos dentro de um recipiente com álcool a 70°. O animal é então fixado dorsalmente com dois pinos, inseridos nas duas ventosas. De notar que, no caso da ventosa anterior, a cavilha deve ser inserida ao nível do lábio superior, de modo a que os maxilares possam ser observados.

Com a ajuda de uma pinça e de um bisturi, a pele colada à musculatura é levantada ao longo de uma linha longitudinal.

2.5 Técnicas histológicas (Martoja e Martoja, 1967)

O objetivo da técnica histológica é revelar a presença ou ausência da probóscide em algumas espécies de Hirudinae e dos cecos digestivos em *Erpobdella testacea.*

Esta técnica, que permite obter preparações permanentes perfeitamente observáveis ao microscópio, implica quatro operações sucessivas:

J **Montagem**

O objetivo desta operação é conservar as células num estado tão próximo quanto possível do estado vivo. No entanto, não existe um fixador universal. Todas as misturas têm vantagens e desvantagens. Por conseguinte, é necessário escolher aqueles que dão os melhores resultados, em função do objetivo que se pretende atingir. Neste trabalho, o fixador escolhido é o Bouin Hollande, que pode ser conservado durante muito tempo sem danificar o tecido.

Bouin Hollande

- Água destilada100ml
- Acetato de cobre neutro2 ,5g
- Ácido pícrico4g
- Formol 40%10ml
- Ácido acético cristalizável1 ,5 ml

Antes de serem fixados, os animais destinados ao estudo histológico são anestesiados com água pré-aquecida (30° a 40°), para evitar contracções súbitas do corpo durante o contacto com o fixador. Tais movimentos podem provocar a deformação e mesmo a fragmentação do animal. O animal é então imerso em frascos que contêm o fixador líquido. O animal permanece no Bouin durante, pelo menos, 3 a 4 dias. O animal é então lavado em água da torneira durante 24 horas para remover qualquer excesso de fixador.

J **Inclusão**

O objetivo desta operação é penetrar nas peças com uma substância de consistência favorável ao corte e à fixação das células. Existem vários meios de inclusão, dos quais o mais comum é a parafina. As inclusões de celidina ou de gelatina têm uma utilização muito mais limitada. A parafina é um hidrocarboneto que não pode ser misturado com água ou álcool. Por este motivo, são necessários tratamentos prévios antes da incorporação efectiva. Estes tratamentos envolvem a desidratação, a penetração de um líquido intermédio e a impregnação com parafina fundida antes do bloqueio final.

❖ Desidratação

A parafina é solúvel em xileno, tolueno, álcool butílico e dioxano. Por conseguinte, é necessário desidratar cuidadosamente as peças antes de as incluir.

O dessecante mais comum é o álcool etílico. As peças são colocadas sucessivamente em banhos de concentração crescente:

o 3 banhos em álcool a 70°, cada um com a duração de 20 minutos

o 3 banhos de álcool a 95°, cada um com a duração de 20 minutos

o 3 banhos em álcool a 100° durante 20 minutos cada

❖ Penetração por um líquido intermédio

Dada a insolubilidade da parafina no álcool etílico, é necessário substituir este último por um líquido intermédio que deve ser miscível com o álcool e a parafina. O butanol ou álcool butílico, que é igualmente um líquido de reserva, é o mais utilizado.

A operação consiste em substituir o álcool a 100° pelo líquido intermédio.

O êxito da inclusão dependerá do êxito desta operação.

o Butanol (1) 1 hora

o Butanol (2) Inuit

o Butanol (3) 1 hora

o

❖ Penetração com parafina

Depois de passar pelo líquido intermédio, a parafina líquida é impregnada com muito cuidado. Esta impregnação é efectuada a quente, numa estufa controlada, à temperatura do ponto de fusão da parafina escolhida ou a uma temperatura muito ligeiramente superior (58°). Também neste caso, é aconselhável efetuar três banhos sucessivos para eliminar completamente o solvente intermédio.

- o Parafina(l) 1 hora
- o Parafina(2) Inuit
- o Parafina(3) 4 horas

❖ <u>Bloqueio</u>

Uma vez terminada a penetração a quente da parafina, os órgãos são colocados em blocos e podem ser armazenados indefinidamente. Esta operação consiste em deitar parafina derretida e previamente filtrada em moldes de plástico e colocar rapidamente a peça nos mesmos, orientando-a adequadamente com pinças ligeiramente aquecidas.

Antes de a parafina arrefecer, o que demora cerca de dez minutos, é colocada uma etiqueta de referência em cada bloco, que serve também para identificar o plano de corte. Quando a parafina tiver arrefecido completamente, é desmoldada para obter blocos sólidos de parafina, contendo a peça pronta a ser cortada em secções finas pelo micrótomo.

***J* Corte e colagem**

Para uma melhor observação, os cortes devem ter uma espessura média entre 5 e 7 ^m.

❖ <u>Microtomia</u>

Antes de efetuar os cortes, os blocos devem ser aparados à volta da peça para que a secção transversal tenha a forma de um trapézio.

O bloco, cortado e colado no porta-objectos previamente aquecido, é colocado na base de um micrótomo, equipado com uma lâmina de barbear e um mecanismo de avanço da sua base, que permite cortar o bloco na espessura pretendida.

Devido ao calor produzido pela fricção com a lâmina de barbear, a parafina derrete ligeiramente, permitindo que os cortes adiram uns aos outros e formem uma fita.

Os dois bordos da secção a cortar (superior e inferior) devem ser exatamente paralelos para se obter uma fita reta de cortes sucessivos de comprimento variável.

❖ <u>Cortes de colagem</u>

A série de secções deve ser colocada sobre uma lâmina de vidro (lamela) e firmemente aderida para posterior manuseamento. Depois de dividir as tiras em pedaços de acordo com o comprimento das lamelas, as secções são espalhadas e coladas à água de albúmen preparada da seguinte forma:

- Preparar uma mistura de clara de ovo e glicerina em partes iguais num recipiente com contas de vidro.
- Adicionar 1g de salicilato de sódio para evitar o crescimento de bolores no meio.
- Filtrar através de papel de filtro humedecido em água (a filtração demora cerca de dois dias).

Tudo é guardado no frigorífico. A colagem dos cortes é efectuada da seguinte forma:

- Cada lâmina deve ser numerada com um diamante num canto sempre igual. O objetivo é manter o número de série dos cortes na lâmina em questão.

- Utilizando uma pequena vareta de agitação de vidro, colocar uma pequena gota de albumina glicerinada na lâmina e espalhá-la com a almofada do dedo indicador.
- Colocar a lâmina numa placa de aquecimento com temperatura controlada (4 a 5°C abaixo do ponto de fusão da parafina) e deitar sobre ela uma camada fina de água.
- Os cortes são colocados na água, com o lado brilhante virado para a lâmina: espalham-se.

e podem ser desdobradas; são utilizadas agulhas ou pinças para as ajudar a desdobrar.

- Depois de espalhado, o excesso de líquido é retirado com papel de filtro.
- Por fim, as lâminas são deixadas a secar num ambiente sem pó, à temperatura ambiente ou numa estufa a cerca de 40°C.

***J* Coloração**

As secções simplesmente montadas em lâminas são insuficientes para o estudo microscópico, uma vez que a única forma de distinguir a estrutura de um tecido é pela diferença entre os índices de refração dos seus componentes. No entanto, os componentes celulares têm todos aproximadamente a mesma densidade ótica.

No entanto, é possível corar o tecido e revelar a sua composição microanatómica devido a diferenças na composição química das estruturas, que reagem de forma diferente aos corantes, dando contrastes na secção.

As colorações utilizadas são a eosina e o azul de toluidina: os núcleos, os citoplasmas basófilos e certas secreções são corados a azul violeta, os elementos musculares a laranja e os citoplasmas acidófilos a rosa.

A primeira etapa consiste em remover a parafina com um solvente, geralmente o tolueno, o que se designa por desparafinagem, seguida de hidratação, uma vez que os corantes se encontram geralmente em soluções aquosas.

❖ <u>Desparafinagem</u>

As lâminas são colocadas na plataforma a uma temperatura 1 a 2° acima do ponto de fusão da parafina. Passam então pelos seguintes banhos:

o Tolueno (1)5mn

o Tolueno (2)5mn

❖ <u>Hidratação</u>

Isto é feito através da passagem das lâminas por álcoois de diferentes concentrações.

decrescente : o Álcool 100°5mn

o Álcool 95°5mn

o Álcool 70°5mn

o Água (1)5mn

o Água (2)5mn

❖ <u>Coloração de Toluidina eosina</u>

o Azul de toluidina 0, 5%3mn

o Enxaguar com água corrente

o Eosina aquosa a 1%15segundos

o Enxaguar com água corrente

❖ Desidratação

As secções são novamente desidratadas por imersão em dois banhos de álcoois absolutos e depois passadas por um agente clareador, geralmente tolueno.

- o Álcool 100° (1) 1mn
- o Álcool 100° (2) 2mn
- o Tolueno (1) 5mn
- o Tolueno(2) 5mn

❖ Conjunto de corte

- ■ Aplicar uma gota de Baume de Canada que não seja nem demasiado espessa nem demasiado fluida.
- ■ Apresentar uma lamela, previamente embebida em tolueno, inclinando-a gradualmente de modo a que o Bálsamo do Canadá se espalhe e cubra gradualmente o corte sem prender bolhas de ar.

Depois de a lamela ter secado à temperatura ambiente ou numa incubadora (35 a 40°C), as preparações estão prontas para serem observadas ao microscópio. São fotografadas secções representativas.

CAPÍTULO III

SISTEMÁTICA: ESTUDO MORFOLÓGICO E ANATÓMICO

Dada a ausência de chaves de determinação para o Norte de África, que faz parte da região Paleártica, neste trabalho sistemático adoptámos os critérios utilizados por **Sawyer (1986)** e Nesemann e Neubert (1999) para a Europa e a região Paleártica. Para a determinação de *Hirudo troctina* utilizámos os critérios de **Hetchel e Sawyer (2002).**

I. CHAVES PARA A DETERMINAÇÃO DAS ESPÉCIES NA EUROPA E NA REGIÃO PALEÁRCTICA (SAWYER, 1986)

Glossiphoniidae

1 - Quatro pares de olhos (*Theromyzon*) 2

- Um, dois ou três pares de olhos3

2 - Gonoporos separados por dois anéis *Theromyzon maculosum*

' Gonóporos separados por quatro anéis *Theromyzon tessulatum*

3 - Um único par de olhos (não composto) 4

- Dois ou três pares de olhos (por vezes aparecendo como um único par) 5

4 - Brown plate in the dorsal region of the+ *Helobdella stagnalis*

- Ausência de mancha castanha na região dorsal média do pescoço *Batracobdella algira*

5 - Ventosa antidorsal não distinta do corpo: *Hemiclepsis marginata* ' Ventosa antidorsal não distinta do corpo6

6 - Poro da boca perto do bordo anterior da ventosa anterior *Placobdella nabeulensis*

Papilas dorsais, sete pares de cecos digestivos - Poro bucal no meio da ventosa anterior 7

7 - Gonóporos com um poro comum *Alboglossiphoniahyalina*

Foram reconhecidas várias variedades infra-específicas: var. *hyalina, striata* e *papillosa.*

' Gonopores sdpards por dois anéis8

8 - Seis pares de cecos digestivos9

- Sete pares de cecos digestivos10

9 - Duas linhas paramedianas dorsais castanho-pretas regularmente interrompidas por papilas *Glossiphonia sexoculata*

- Duas linhas dorsais castanhas irregulares interrompidas por papilas *Glossiphonia concolor*

10 - Superfície dorsal com tubérculos no segundo e terceiro anéis de cada segmento médio *Glossiphoniaverrucata*

- Lado dorsal liso11

11 - Seis pares de testículos *Glossiphoniapaludosa*

- Dez pares de testículos *Glossiphoniaslovaca*

Hirudinídeos

1 - Cinco pares de olhos, o terceiro e o quarto pares separados por um único anel4

- Quatro pares de olhos (raramente três pares), terceiro e quarto pares separados por dois anéis (*Xerobdella*) 2

2 - Gonoporos separados por três - três anéis e meio *Xerobdella lecomtei*

- Gonoporos separados por quatro ou mais anéis3

3 - Gonóporos separados por quatro anéis e meio (quatro - cinco) *Xerobdella anulata*

- Gonóporos separados por seis anéis e meio *Xerobdella praealpina*

4 - Mandíbulas com duas filas de vinte ou mais dentes cada (Distichodontia)

Haemopissanguisuga

- Mandíbulas com uma única fila de trinta ou mais dentes (Monostichodontia) 5

5 - Mandíbulas com papilas salivares *Limnatisnilotica*

- Mandíbulas sem papilas salivares *Hirudo medicinalis*

Fissura longitudinal ao nível do lábio superior ausente; cada macbório tem entre 60 - 100 dentes; forma relativa: *Hirudo troctina*, caracterizada pela presença de um contorno em ziguezague na face ventral do animal.

Erpobdellidae

1 - Segmentos do meio do corpo formados principalmente por cinco anéis2

Três a quatro pares de olhos estão presentes

- Segmentos do corpo médio não formados por cinco anéis *5*

2 'Conduíte djaculateur sem uma boucle preartiale 3

- Tubo de ejeção com um laço pré-articulado 4

3 - Gonoporos separados por dois anéis e meio *Erpobdella octoculata*

- Gonóporos separados por quatro anéis *Erpobdella testacea*

De acordo com Hetchel e Sawyer (2002):

1 - Face dorsal com quatro ou seis manchas negras metaméricas *Hirudo troctina*

Vagina direita, não enrugada, bulbosa, epidídimos maciços em relação ao bolbo ejaculatório.

2 - Superfície dorsal predominantemente estriada longitudinalmente, com manchas negras metaméricas.

ausente *Hirudomedicinalis* .

Vagina pregueada, dpidídimo e bolbo ejaculatório de largura quase igual.

11. INVENTÁRIO DAS ESPÉCIES RECOLHIDAS

O estudo sistemático preliminar dos Annelidae Achetes da Tunísia permitiu-nos identificar com certeza 6 espécies pertencentes a 6 géneros e três famílias diferentes na barragem de Lebna, com base na análise morfológica, tipo de oviposição e dieta (Quadro 1). Dois outros espécimes que podem ser identificados como duas outras espécies distintas são designados na tabela abaixo como segue: *Limnatis sp.1* e *Limnatis. sp.2.*

Quadro 1: Lista das espécies encontradas no sítio de estudo.

Ramo	Classe	Subclasse	Encomendar	Família	Género e espécie
Annelides	Clitelados	Hirudinees	Rhynchobdelles	Glossiphoniidae	*Batracobdella algira*
					Theromyzon tessulatum
					Placobdella nabeulensis
					Alboglossiphonia hyalina
			Arhynchobdelles	Hirudinídeos	*Hirudo troctina*
					Lilnatis nilotica
					Limnatis sp.l
					Limnatis sp.2
				Erpobdellidae	*Erpobdella testacea*

111. DESCRIÇÃO E IDENTIFICAÇÃO DAS ESPÉCIES

1. Família Glossiphoniidae Vaillant, 1890

A família Glossiphoniidae é considerada a mais rica em termos de espécies descritas e a mais diversificada dos Hirudinae de água doce. Encontra-se em todos os continentes, exceto na Antárctida **(Figueroa, 2006).** Este grupo inclui principalmente Hirudinae com corpos achatados dorso-ventralmente, que normalmente se alimentam de tartarugas e anfíbios. É a única família da classe Achetes que apresenta um elevado nível de comportamento protetor parental **(Paez *et al.*, 2004).** Além disso, **Kutschera (1986)** observou que *Helobdella stagnalis* captura insectos e Oligochetes, principalmente *Tubifex*, para alimentar os seus juvenis presos ao seu ventre.

Com base no número de olhos e na sua posição, no número de anéis que separam os gonóporos masculinos e femininos, no número de cecos gástricos e no número de testículos, foi possível identificar quatro espécies distintas: *Batracobdella algira* , *Theromyzon tessulatum* , *Placobdella costata* e *Alboglossiphonia heteroclita.*

1.1. *Batracobdella algira* (Moquin-Tandon, 1846)

Glossiphonia algira **Moquin -Tandon, 1846** (I .ocalite typique: Algerie: se;tif)

Clepsina algerica **Diesing ,1850**

Batracobdella latasti **Viguier ,1879**

Glossosiphonia algira **Wolterstroff, 1900**

Batrachobdella algira **Johansson, 1926**

Placobdella schottlaenderi **Johansson, 1926**

Batracobdella algira **Autrum, 1936**

Como todas as espécies da família Glossiphoniidae, *Batracobdella algira* tem um corpo achatado dorso-ventralmente, com folhagem de uma cor específica castanho-esverdeada escura (Fig. 14 e Fig. 15).

Fig. 14: Face ventral de *Batracobdella algira*. (Trabalho atual).

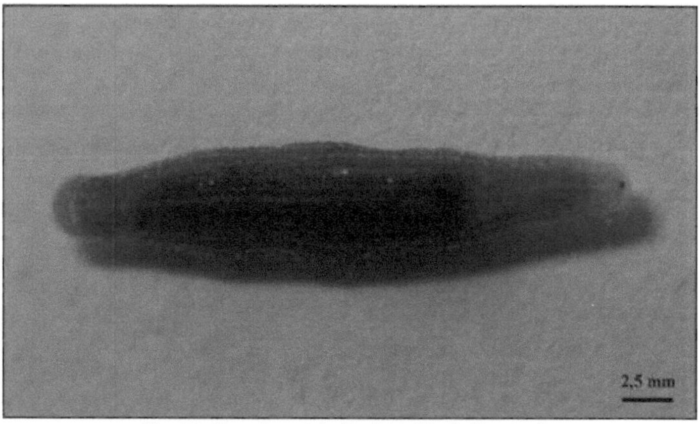

Fig. 15 : Face dorsal de *B. algira* (Trabalho atual).

Nesta espécie, os olhos são um único par cefálico e estão separados um do outro (Fig. 16). O estudo histológico revelou a presença de uma probóscide caraterística da ordem Rhynchobdella. Esta probóscide tem uma musculatura desenvolvida (Fig. 17), o que explica a sua função de alimentação.

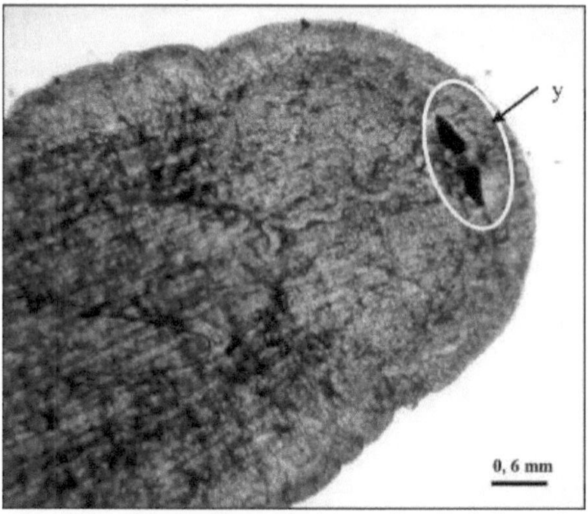

Fig. 16: Disposição dos olhos em *B. algira*. y: olhos (Trabalho atual).

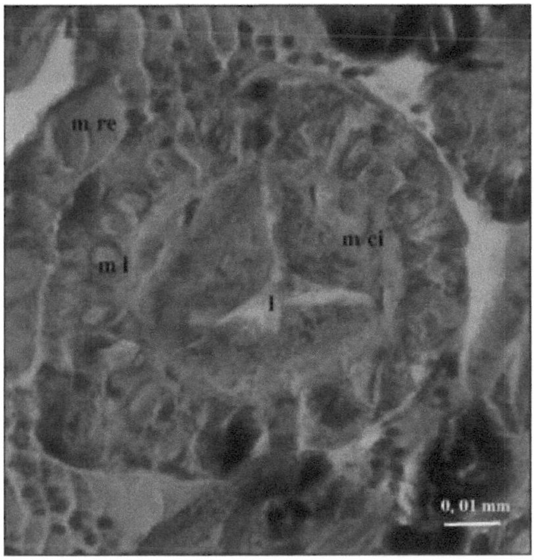

Fig. 17: Secção transversal da probóscide em *B. algira*.
l: lúmen do tubo, m ci: músculos circulares, m l: músculos longitudinais, m re: músculos retratores (Present travail).

Existem sete pares de cecos digestivos, vistos através do olho na fase juvenil (Fig. 18). Os gonóporos masculinos e femininos estão separados por um único anel. Os juvenis estão agarrados ao ventre da mãe (Fig. 19).

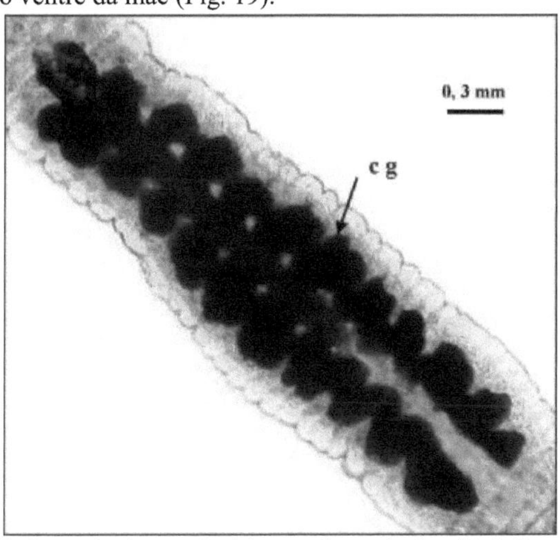

Fig. 18: Cecos gástricos em *B. algira*. c g: Cecos gástricos (Trabalho atual).

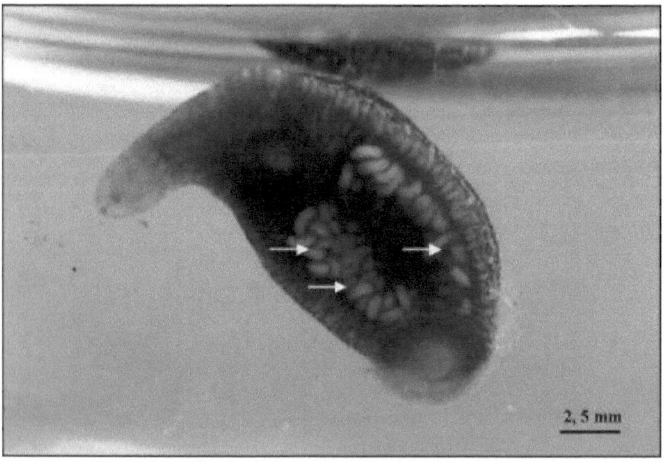

Fig. 19: Face ventral de *B. algira* mostrando a relação trófica entre a mãe e os seus juvenis (Fleches) (Trabalho atual).

Na literatura, as relações tróficas e de proteção entre as mães e os juvenis são sobretudo assinaladas e estudadas em vertebrados como os mamíferos e as aves. Estas relações são pouco estudadas em Hirudineae, e mais particularmente na família Glossiphoniidae.

Fig. 20: *Bufo mauritanicus* parasitado por *B. algira* (Trabalho atual).

Relativamente ao regime alimentar, de acordo com a literatura, *B. algira* alimenta-se sugando o sangue de anfíbios anuros (*Discoglossus pictus, Rana rudibunda*...) e urodelos (*Hydromantes genei*), no presente trabalho observámo-la sobre *Bufo mauritanicus* (Fig. 20). Trata-se portanto de uma espécie hematófaga.

1.2. *Theromyzon tessulatum*: (O.F. MUller, 1774)

Hirudo tessulata **O.F. Muller, 1774** (Localidade típica: Dinamarca)

Hirudo tessellata **Bosc, 1802**

Glossiphonia eachana **Thompson, 1846**

Hirudo vitrina **Dalyell, 1853**

Theromyzon pallens **Philippi, 1867**

Hemiclipsis tessellata **Vejdowsky, 1884**

Theromyzon tessulatum **Autrum, 1936**

O Theromyzon tessulatum tem também um corpo foliáceo verde-azeitona, achatado dorsoventralmente, quase translúcido, com manchas negras correspondentes aos cromatóforos (Fig. 21 e Fig. 22).

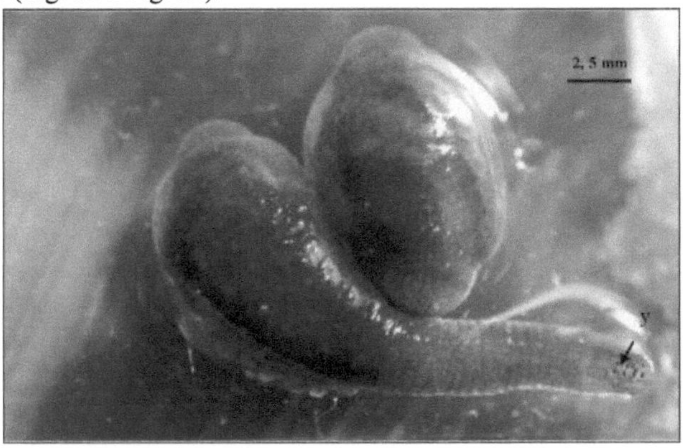

Fig. 21 : Face dorsal de *Theromyzon tessulatum*. y : Olhos (Trabalho atual).

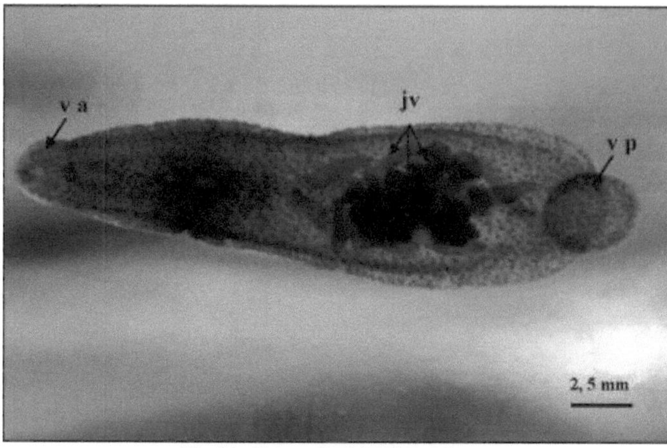

Fig. 22 : Face ventral de *T. tessulatum*.
ν a: ventosa frontal, v p: ventosa traseira, jv: juvenis (Trabalho atual).

O estudo histológico mostrou-nos a presença de um tubo muito musculado (Fig. 23) e consequentemente muito contrátil, desempenhando um papel importante na alimentação.

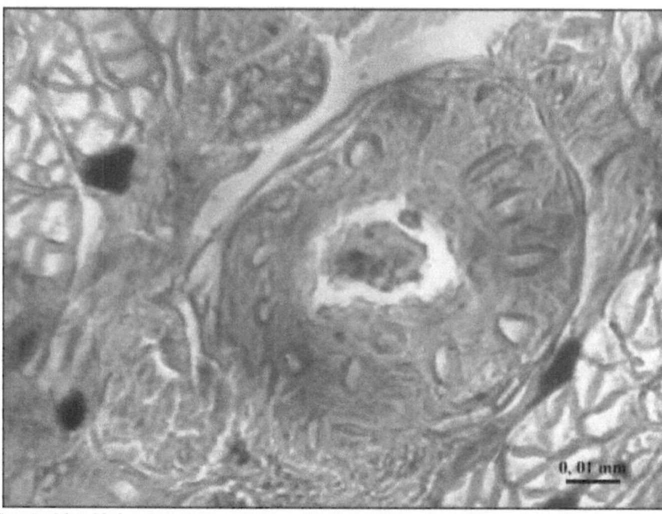

Fig. 23: Secção histológica do tubo em *T. tessulatum* l: lúmen do tubo, m ci: músculos circulares, m l: músculos longitudinais, m re: músculos retratores (Trabalho atual).

Esta espécie caracteriza-se por quatro pares de olhos cefálicos dispostos em duas linhas paramedianas (Fig. 24).

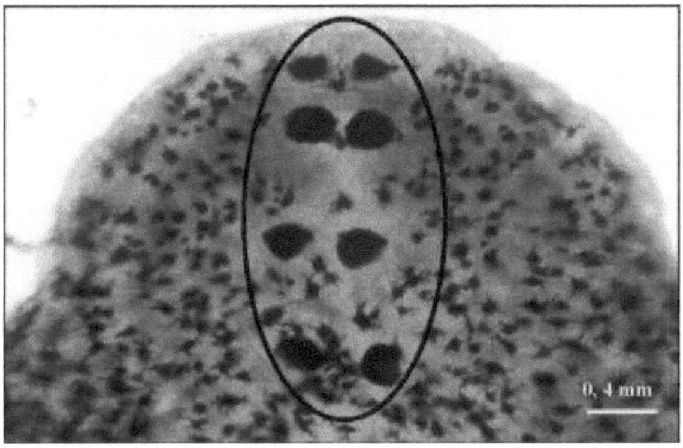

Fig. 24 : Disposição dos olhos em *T. tessulatum* (Trabalho atual).

É de notar que os ovos e depois os juvenis ficam agarrados ao ventre da mãe (Fig. 25) e que esta espécie é considerada por **Grasse (1959)** como prolífica, pondo 65 a mais de 600 ovos. Trata-se claramente de uma estratégia de reprodução. Reproduz-se apenas uma vez na vida e morre (semelparous); este facto é confirmado em laboratório, pois os adultos morrem após a libertação dos juvenis.

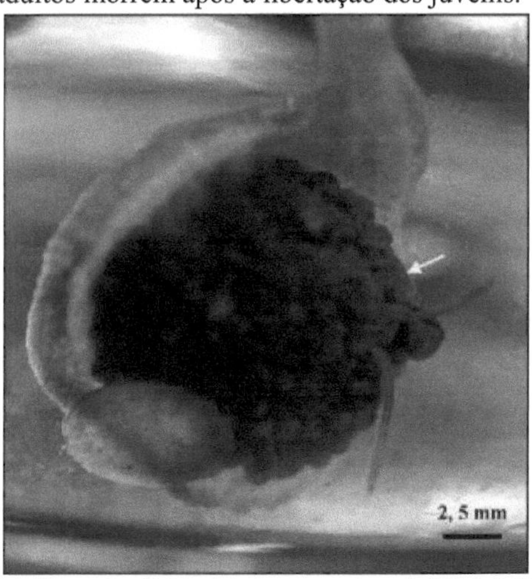

Fig. 25: Relação trófica entre *T. tessulatum* e os seus juvenis (Fleche) (Trabalho atual).

De acordo com **Oosthuizen e Davies (1992),** a identificação das espécies do género *Theromyzon* na América do Norte e noutros locais baseia-se no número de anéis que separam os gonóporos. No *Theromyzo* n *tessulatum*, os gonóporos estão separados por quatro anéis (Fig. 26).

Esta espécie caracteriza-se pela presença de um anticoagulante na sua saliva: a terostatina **(Chopin *et al.*, 2000 *In* Siddall *et al.*, 2005).**

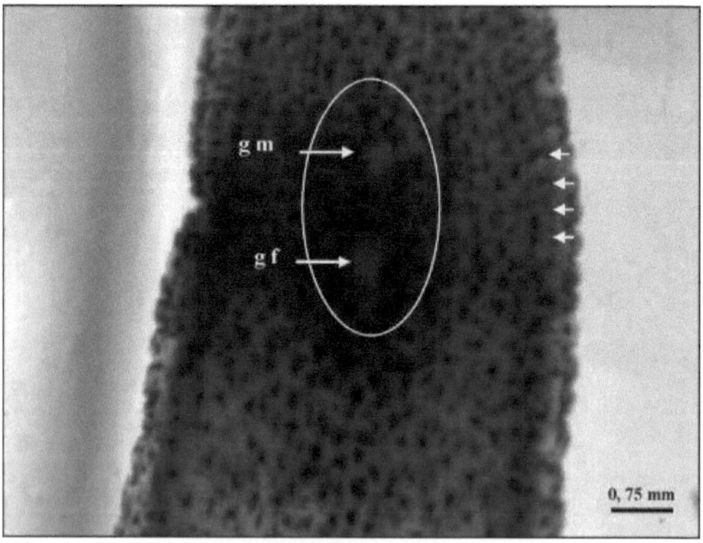

Fig. 26 : Disposição dos gonóporos masculinos e femininos de *T. tessulatum* na face ventral do animal. g m: gonóporo masculino, g f: gonóporo feminino (as setas indicam os anéis que separam os dois gonóporos) (Trabalho atual).

De acordo com **Grasse (1959),** *o Theromyzon tessulatum* muda de cor do corpo consoante é colocado no escuro ou à luz, e consoante é espalhado ou contraído. De acordo com as nossas observações, este fenómeno não é acompanhado de qualquer tendência para a homocromia com o suporte (Figs. 27, 28 e 29). De facto, **Smith (1942 *In* Grasse, 1959),** sugere a presença de três tipos de células pigmentares. Estas ocupam posições que variam de um indivíduo para outro.

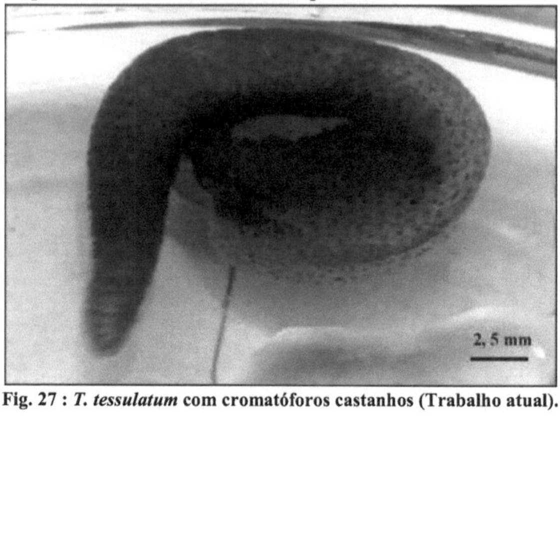

Fig. 27 : *T. tessulatum* com cromatóforos castanhos (Trabalho atual).

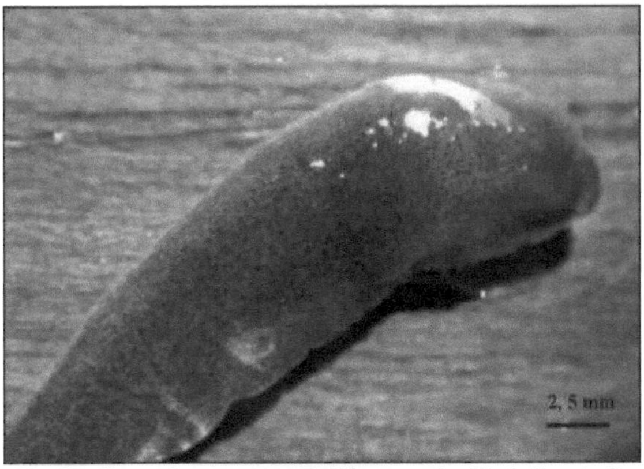

Fig. 28 : *T. tessulatum* com cromatóforos verdes (Trabalho atual).

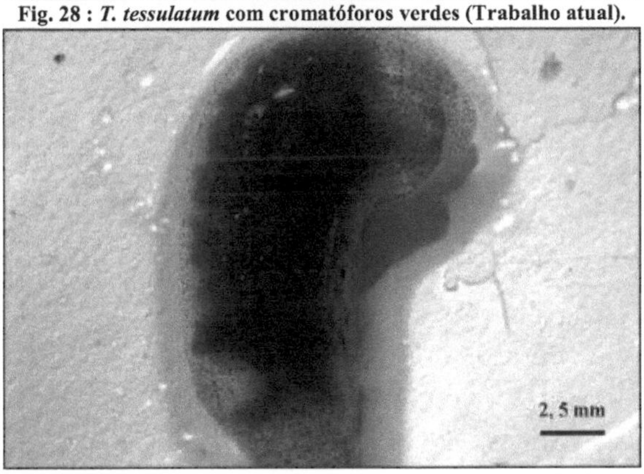

Fig. 29 : *T. tessulatum* com cromatóforos negros dispersos (Trabalho atual).

Esta espécie é chamada "The duck leeche" pelos americanos **(Siddall e Budinoff, 2005)**, reflectindo uma dieta hematófaga associada aos patos (Fig. 30).

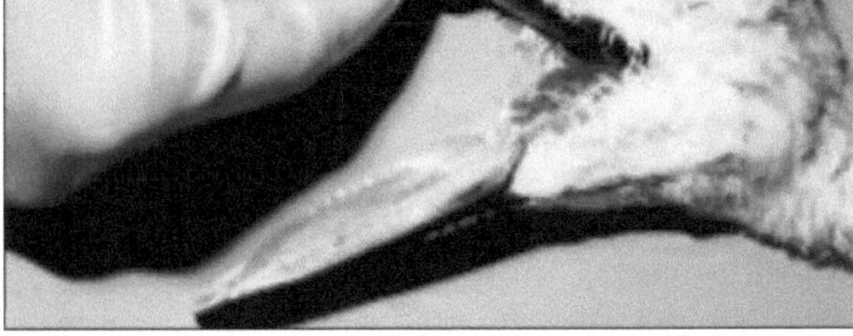

Fig. 30: Cavidade nasal de um pato parasitado por *T. tessulatum* (Fleche) (Anônimo 2: site).

1.3. *Placobdella nabeulensis* (Fr. MUller ,1846)

Clepsine costata **Fr. Muller ,1846** (Localidade típica: Crimee)

Glossiphonia catenigera **Moquin-Tandon 1846**

Haementeria costata **De Filippi, 1849**

Clepsine affinis **Diesing, 1850**

Placobdella raboti **Blanchard, 1893**

Placobdella guernei **Blanchard, 1894**

Placobdella catenigera **Blanchard, 1894**

Haementeria Nusbaumi **Gedroyc, 1913**

Placobdella costata **Mann, 1961**

Esta espécie tem um corpo foliáceo, achatado dorsoventralmente, com os órgãos visíveis através do vidro.

A face dorsal tem um fundo castanho-esverdeado, com três pares de riscas pretas interrompidas de cada lado de uma risca mediana larga, preta e interrompida (Fig. 31). Esta superfície está coberta de papilas (Fig. 32).

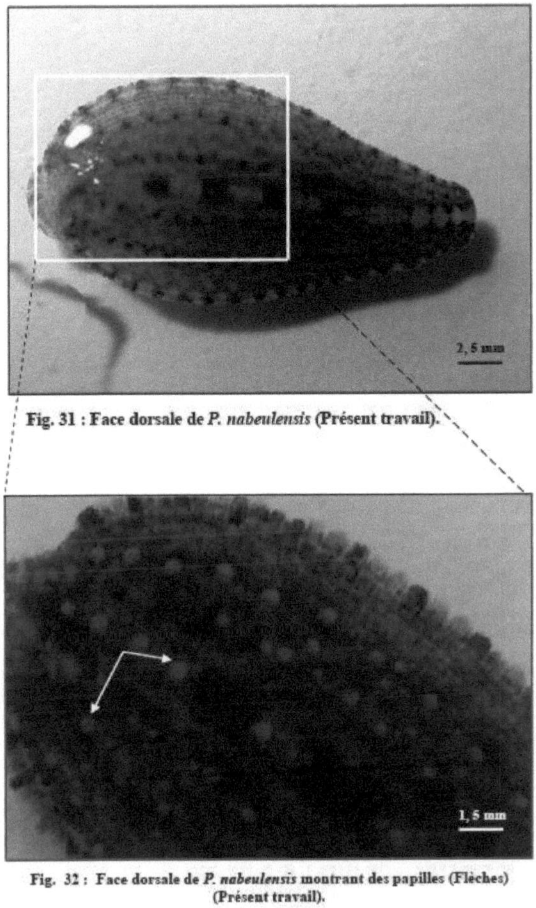

Fig. 31 : Face dorsal de *P. nabeulensis* **(Trabalho atual). **

Fig. 32 : Superfície dorsal de *P. nabeulensis* mostrando papilas (Fleches) (Trabalho atual).

Nesta espécie, a ventosa anterior (Fig. 33) é claramente subdesenvolvida em comparação com a ventosa posterior (Fig. 34). Este facto é caraterístico da família.

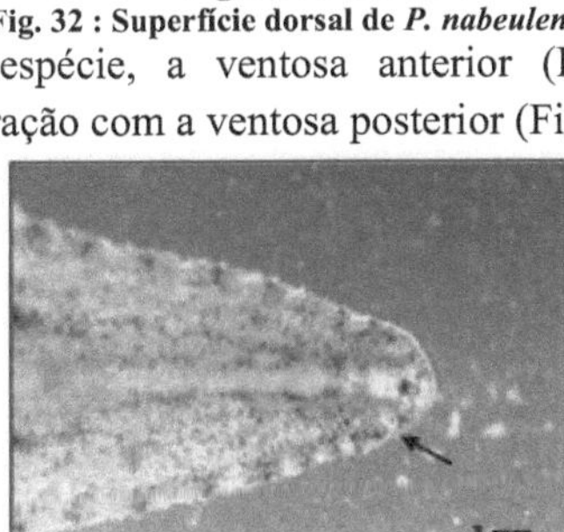

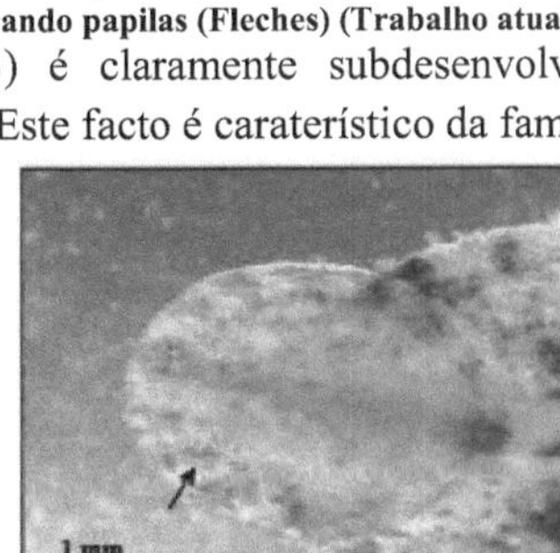

Fig. 33 : Ventosa anterior de *P. nabeulensis* (Trabalho atual).

Fig. 34 : Ventosa posterior de *P. nabeulensis* (Trabalho atual).

Ao contrário de *Batracobdella algira*, *Placobdella nabeulensis* tem um único par de olhos não separados (Fig. 35).

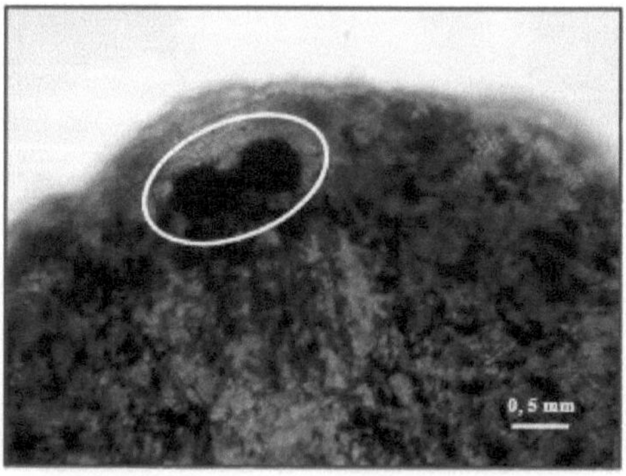

Fig. 35 : Disposição dos olhos em *P. nabeulensis* (Trabalho atual).

A dissecação de um espécime (Fig. 36) mostrou a presença de uma probóscide (Fig. 37), duas glândulas salivares e dois sacos esofágicos caraterísticos do género *Placobdella*. Estes últimos foram recentemente designados por "micetomas". De acordo com **Siddall *et al* (2004),** são considerados dois sacos semelhantes a cecos que se abrem no resófago a meio caminho entre a probóscide e o primeiro par de cecos gástricos. Contêm bactérias simbióticas que facilitam a digestão do sangue ingerido.

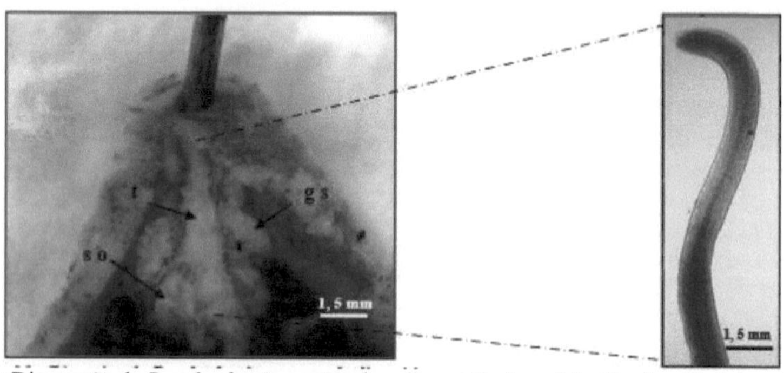

Fig. 36 : Dissecação de *P. nabeulensis* mostrando a disposição da probóscide, das glândulas salivares e dos sacos esofágicos. g s: glândulas salivares, s o: saco esofágico, **t: probóscide (Trabalho atual).**

Fig. 37 : Trompe de *P. nabeulensis* (Trabalho atual).

Os cecos gástricos desta espécie são constituídos por sete pares de lóbulos, visíveis através do tubo, com seis pares de testículos entre eles (Fig. 38).

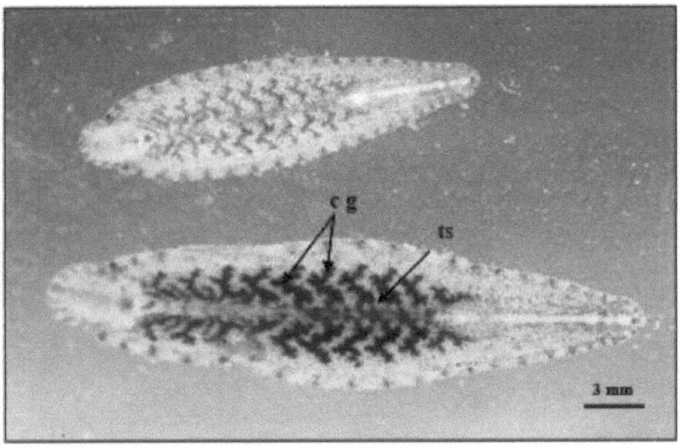

Fig. 38 : Face ventral de *P. nabeulensis*. cg : cecos gástricos, ts : testículo (Trabalho atual).

Os gonóporos masculinos e femininos de *Placobdella nabeulensis* são separados por dois anéis e se abrem na região clitelar (Fig. 39). O gonóporo masculino sempre precede o feminino. Há um único par de ovários localizado na frente de seis pares de testículos.

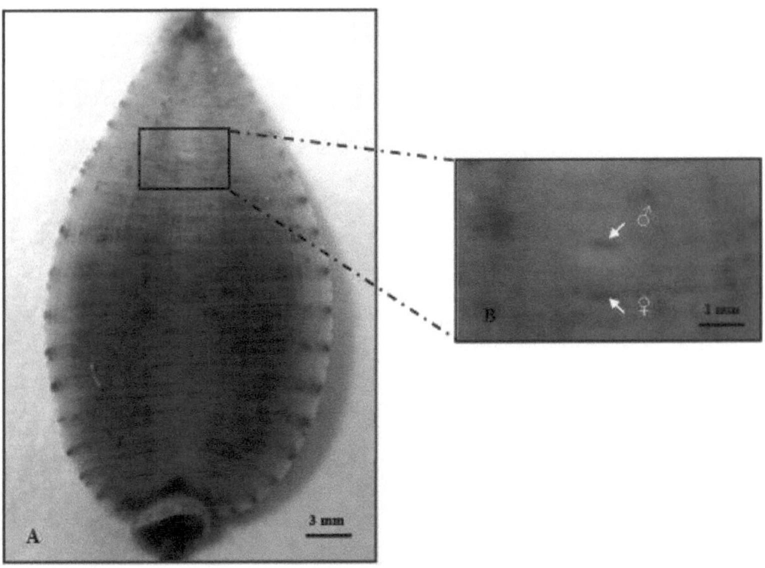

Fig. 39 A e B: Disposição dos gonóporos na superfície ventral de *P. nabeulensis* (Trabalho atual).

Esta espécie apresenta igualmente uma mudança fisiológica da cor do corpo (Fig. 40). De facto, **Sawyer e Davies (1974) mostraram** que a luz tem um efeito importante na mudança de cor de certas sanguessugas. Estas tornam-se castanhas à luz e claras no escuro.

Fig. 40 : *P. nabeulensis* em diferentes cores (Trabalho atual).

A dissecção de um exemplar permitiu-nos observar a disposição dos cecos gástricos e da cadeia nervosa (Fig. 41).

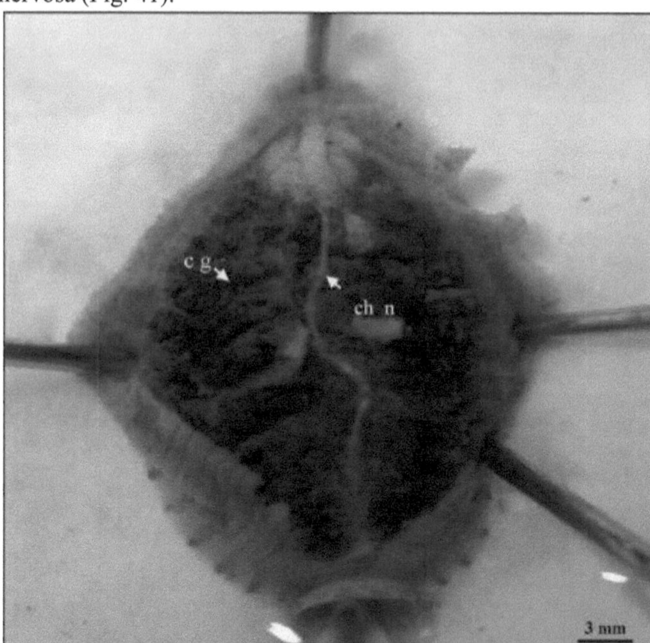

Fig. 41: Dissecção de *P. Nabeulensis* mostrando a cadeia nervosa e os cecos gástricos. ch n: cadeia nervosa, c g: cecos gástricos (Trabalho atual).

As espécies do género *Placobdella* atacam os seres humanos, os mamíferos e os répteis, nomeadamente as tartarugas. *Placobdella costata* foi recolhida por Minelli (1979) em *Emys orbicularis*. No presente trabalho, *P. nabeuelensis* foi observada na tartaruga de água doce *Mauremys leprosa* (Figs. 42 e 43).

Fig. 42 : ***Mauremys leprosa*** **(Trabalho atual).**

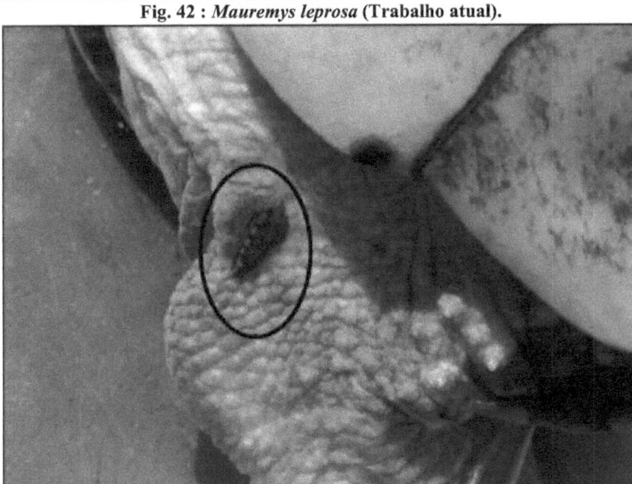

Fig. 43: ***Mauremys leprosa*** **parasitada por** ***P. nabeulensis*** **(Trabalho atual).**

1.4. *Alboglossiphonia hyalina* (Linnaeus, 1758)

Hirudo heteroclita **Linnaeus, 1761** (sem localidade típica precisa, foi descrita pela primeira vez na Europa por Linnaeus).

Hirudo hyalina **O.F. Muller, 1774**

Hirudo swampina **Bosc, 1802**

Hirudo papillosa **Braun, 1805**

Hirudo trioculata **Carena, 1820**

Hirudo arcuata **Fabricius, 1826**

Clepsine hyalina **Moquin-Tandon, 1827**

Clepsine carenae **Moquin-Tandon, 1827**

Clepsina hyalina **Brightwell, 1842**

Glossiphonia heteroclita **Moquin-Tandon, 1846**

Glossopora hyalina **Johnston, 1846**

Glossiphonia carenae **Moquin-Tandon, 1846**
Glossiphonia arcuata **Moquin-Tandon, 1846**
Clepsina swampina **Diesing, 1850**
Clepsina papillosa **Grube, 1851**
Glossiphonia hyalina **Thompson, 1856**
Clepsina heteroclita **Whitman, 1878**
Clepsine striata **Apathy, 1888**
Glossiphonia trioculata **Blanchard, 1893**
Glossiphonia (Alboglossiphonia) heteroclita **Harding, 1910**

A Alboglossiphonia hyalina tem um corpo foliáceo, achatado dorsoventralmente, com os seus órgãos visíveis através do vidro. A sua cor é amarela clara (Fig. 44). Não existem papilas na superfície dorsal desta espécie.

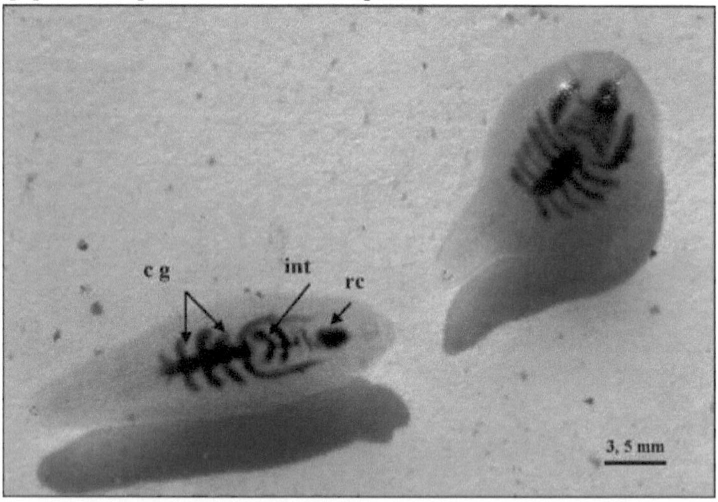

Fig. 44: Superfície dorsal de *Alboglossiphonia hyalina* c g: cecos gástricos, int: intestino, rc: reto (Trabalho atual).

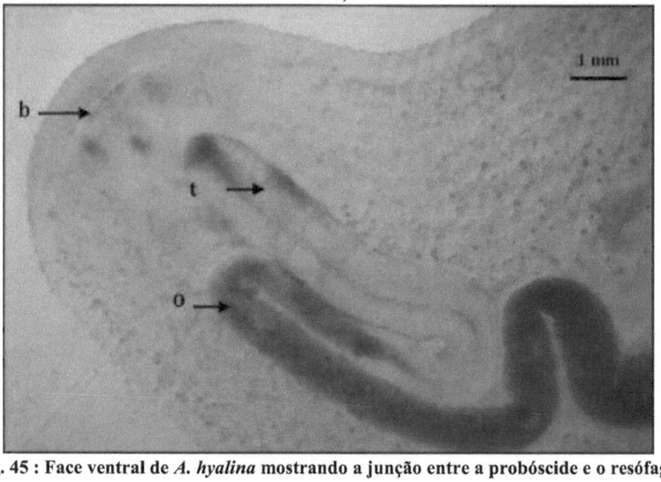

Fig. 45 : Face ventral de *A. hyalina* mostrando a junção entre a probóscide e o resófago.

b: boca , t: tubo , o: esófago (Trabalho atual).

A boca (Fig. 45) encontra-se no meio da ventosa anterior e não na sua extremidade. A probóscide desta espécie é claramente visível através do tubo. Mesmo os cecos gástricos (Fig. 44), dos quais existem seis pares, são simples e não lobados. Existem três pares de olhos (Fig. 46), agrupados em forma de triângulo.

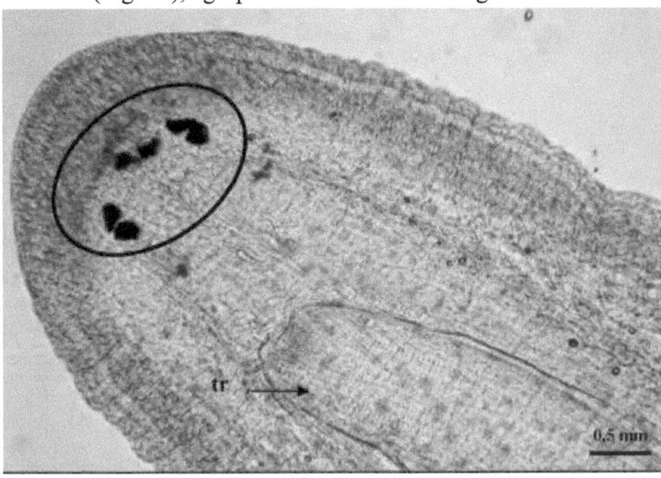

Fig. 46 : Disposição dos olhos em *A. hyalina.* tr : probóscide (Trabalho atual).

Os órgãos genitais masculinos e femininos têm um gonóporo comum (Fig. 47).

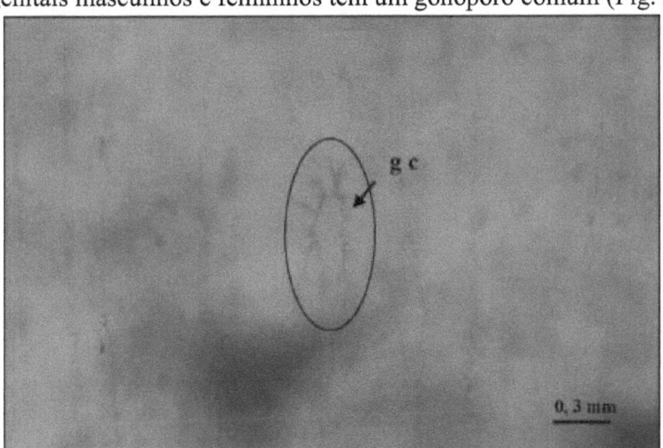

Fig. 47 : Gonóporo comum em *A. hyalina* g c : Gonóporo comum (Trabalho atual).

Os juvenis estão também agarrados ao ventre da mãe (Fig. 48), assegurando a secreção de gema, que utilizarão como alimento **(Grasse, 1959)**.

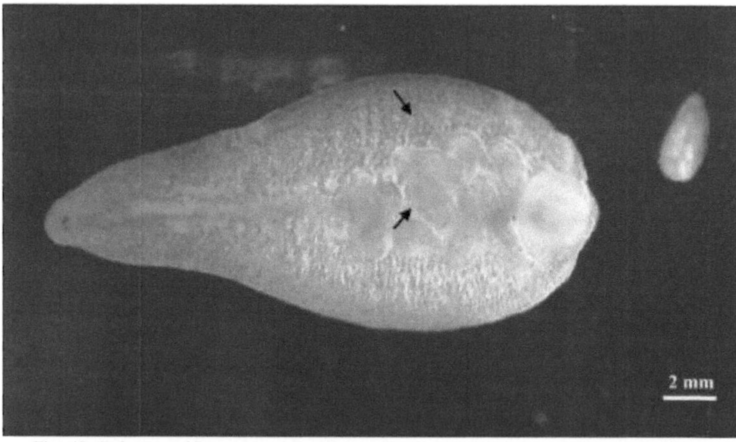

Fig. 48: Relação trófica entre *A. hyalina* e os seus juvenis (Fleches) (Trabalho atual).

De acordo com a literatura, *A. hyalina*, ainda chamada de "sanguessuga de caracol" pelos americanos, é uma espécie liquidostomatófaga (sugadora de fluidos de moluscos). Alimenta-se principalmente de Gasterópodes **(Govedich *et al.*, 2004).**

2. Família Hirudinidae Whitman, 1886

A principal caraterística desta família é o facto de a boca ter três mandíbulas serrilhadas (Trignathes) que podem cortar a pele ou as membranas mucosas. Por conseguinte, estas sanguessugas têm uma excelente vida parasitária. São exclusivamente hematófagas. A ausência da probóscide permite colocar esta família na ordem Arhynchobdella.

O corpo é vermiforme, de comprimento variável, e os casulos esponjosos, de tamanho variável, são deixados no substrato sem qualquer proteção parental.

O único género desta família encontrado na barragem do Lebna é o género *Hirudo*, do qual foram recolhidas quatro espécies. Estas diferem na coloração do corpo que, segundo **Hetchel e Sawyer (2002), é** o critério mais útil e fiável para distinguir as espécies medicinais deste género. A morfologia interna, e mais especificamente a comparação dos sistemas reprodutores, só é utilizada se a coloração externa tiver sido danificada por um fixador, por exemplo. Identificámos a espécie *Hirudo troctina* e designámos as outras três, respetivamente: *Hirudo sp.1*, *Hirudo sp.2* e *Hirudo sp.3*.

Estas três últimas são assim designadas porque se distinguem por critérios que não têm correspondência nas outras chaves de determinação. Estudos filogenéticos posteriores permitir-nos-ão decidir se se trata de espécies novas ou não.

2.1. Género *Hirudo* Linne, 1785

Todas as espécies capturadas da família Hirudinidae apresentam as caraterísticas do género *Hirudo*. As mandíbulas são três (Trignathes) (Fig. 49 A). Estão armados com uma única fila de dentes afiados (monostichodonts) (Fig. 49 B e C), cujo número varia de 60 a 100. A superfície ventral da levedura superior não apresenta uma fissura longitudinal (Fig. 50).

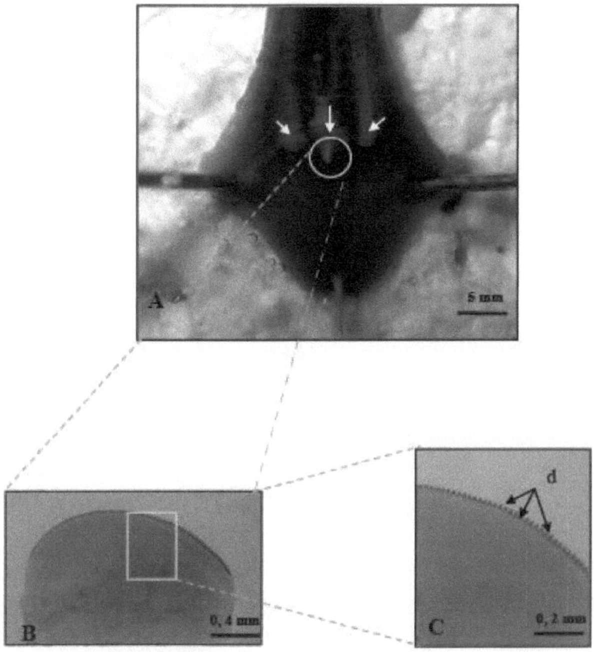

Fig. 49 : Mandíbulas de *Hirudo troctina.*
***A*: mandíbulas trignáticas (Fleches); B e C: pormenores de uma mandíbula com uma única fila de dentes (monosticodontes); d: dentes (Trabalho atual).**

Para além destas duas caraterísticas principais do género *Hirudo*, *estas* espécies partilham também outros critérios comuns encontrados noutros géneros (*Haemopis* e *Limnatis*), como o número de olhos e o número de anéis que separam os gonóporos masculinos e femininos.

Estes dois últimos géneros (*Hemopis e Limnatis*) distinguem-se do género *Hirudo* pela presença de um sulco labial em *Limnatis*, enquanto que duas filas de dentes (Distichodontes), que são em número reduzido, estão presentes em espécies do género *Haemopis*. É de notar que estes dois géneros são referidos na literatura para a Tunísia **(Moore, 1939).**

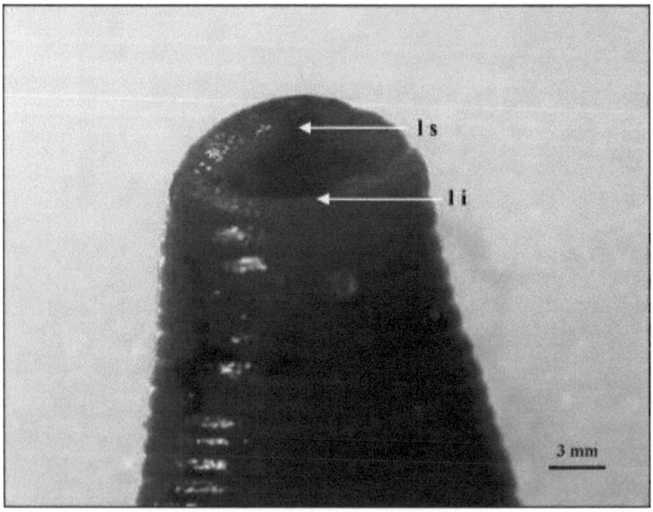

Fig. 50 : Ventosa anterior de *Hirudo troctina* mostrando a ausência de uma fissura labial ao nível do lábio superior. l s : lábio superior, l i : lábio inferior (Trabalho atual).

No género *Hirudo*, existem cinco pares de olhos dispostos em arco parabólico nos primeiros segmentos da ventosa anterior (Fig. 51). Neste caso, os olhos são marginais, ao contrário do que acontece na família Glossiphoniidae, que são cefálicos.

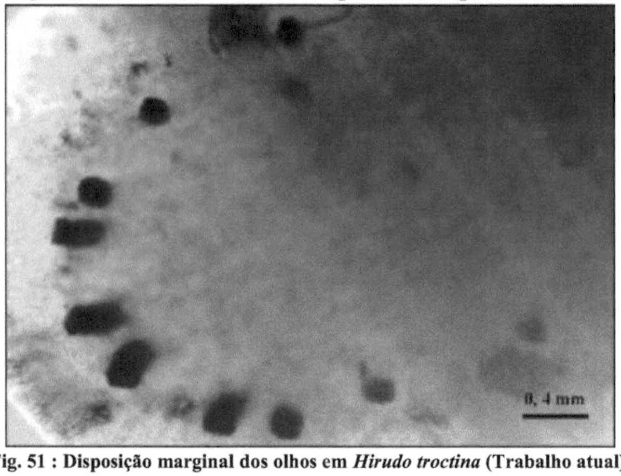

Fig. 51 : Disposição marginal dos olhos em *Hirudo troctina* (Trabalho atual).

Os gonóporos masculinos e femininos estão separados por cinco anéis (Fig. 52). Note-se que o gonóporo masculino é mais visível e precede sempre o feminino.

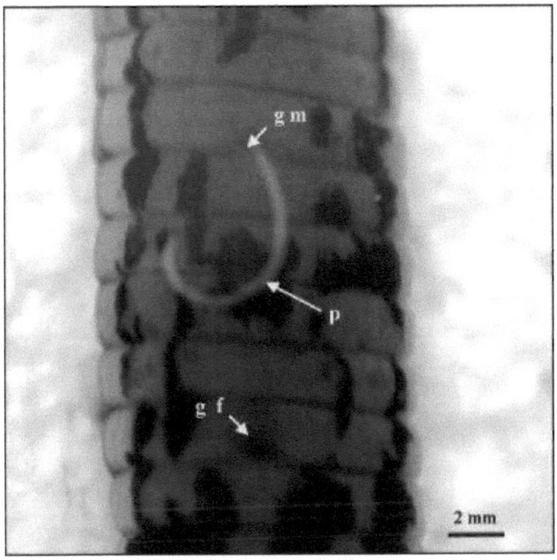

Fig. 52: Posição dos gonóporos masculinos e femininos em *Hirudo troctina* g m: gonóporo masculino, g f: gonóporo feminino, p: pénis (Trabalho atual).

2.1.1 *Hirudo troctina* (johnson, 1816)

Hirudo troctina **Johnson, 1816** (sem localidade típica específica)

Sanguisuga interrupta **Moquin-Tandon, 1827**

Sanguisuga troctina **Moquin-Tandon, 1846.**

Esta espécie tem um corpo cilíndrico vermiforme. A face dorsal é esverdeada, com duas finas faixas paramedianas amarelo-alaranjadas intersectadas por manchas quadrangulares da mesma cor. Existem ainda duas bandas paramarginais finas da mesma cor que as anteriores. Estas são intersectadas por manchas quadrangulares pretas e duas bandas laterais largas, amarelo-alaranjadas, intersectadas por manchas quadrangulares pretas (Fig. 53).

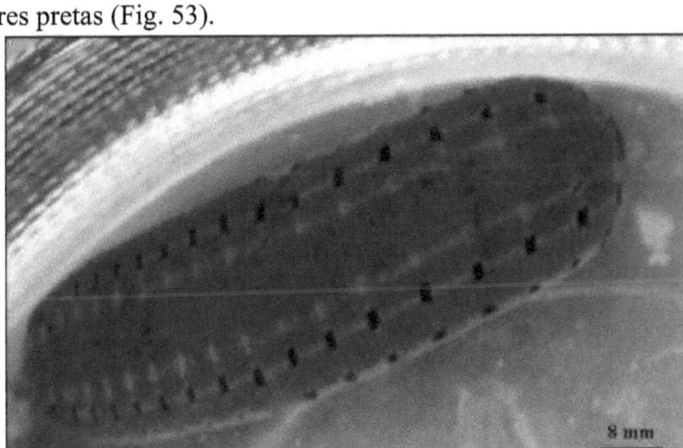

Fig. 53 : Face dorsal de *Hirudo troctina* (Trabalho atual).

Fig. 54 : Face ventral de *H. troctina* (Trabalho atual).

A face ventral (Fig. 54) é verde clara com grandes manchas pretas. Existe também um contorno preto em ziguezague. É de notar que este último critério distingue esta espécie africana da espécie australiana *Hirudo orientalis* **(Utevsky et Trontelj, 2005).** *Hirudo troctina*, como toda a família, caracteriza-se pela ausência de qualquer proteção parental dos juvenis. De facto, dezenas de casulos esponjosos, mais ou menos volumosos, são abandonados num meio húmido muito próximo da água (Fig. 55, A e B). Esta observação foi demonstrada em laboratório. *H. troctina* em
elevage optou por colocar o seu casulo fixo à parede da garrafa elevage e não imerso em água.

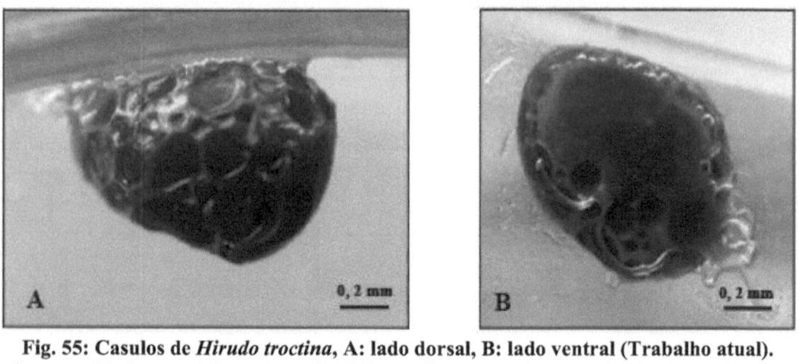

Fig. 55: Casulos de *Hirudo troctina*, A: lado dorsal, B: lado ventral (Trabalho atual).

De acordo com **Baker e Macagno (2001),** o diâmetro do casulo de *Hirudo medicinalis* varia entre 10 e 15 mm. No presente trabalho, verificámos que o diâmetro do casulo de *H. troctina* é mais pequeno e varia entre 0,8 e 10 mm.

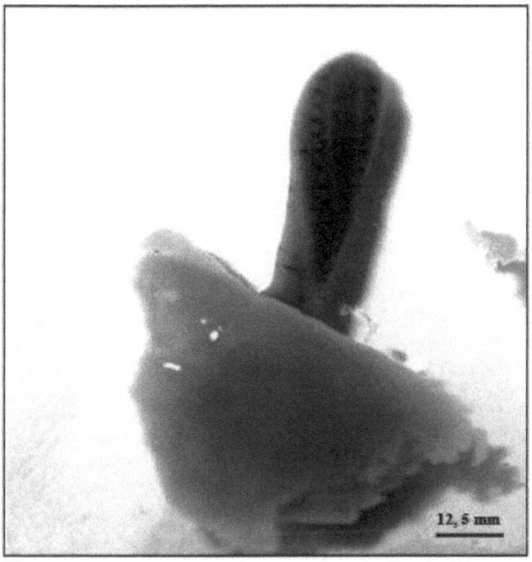

Fig. 56 : ***H. troctina*** **suga o sangue de um pedaço de fígado (Trabalho atual).**

A H. troctina é uma espécie hematófaga, alimentando-se do sangue de vários mamíferos (vacas e cavalos), anfíbios e répteis (Fig. 56).

A dissecação de um exemplar *de Hirudo troctina* permitiu-nos observar a morfologia do sistema reprodutor (Fig. 57). Este é constituído por um único par de ovários situado em frente de dez pares de testículos. Os poros genitais masculinos e femininos são únicos e separados.

Os órgãos femininos estão concentrados no espaço entre o orifício masculino e o primeiro par de testículos.

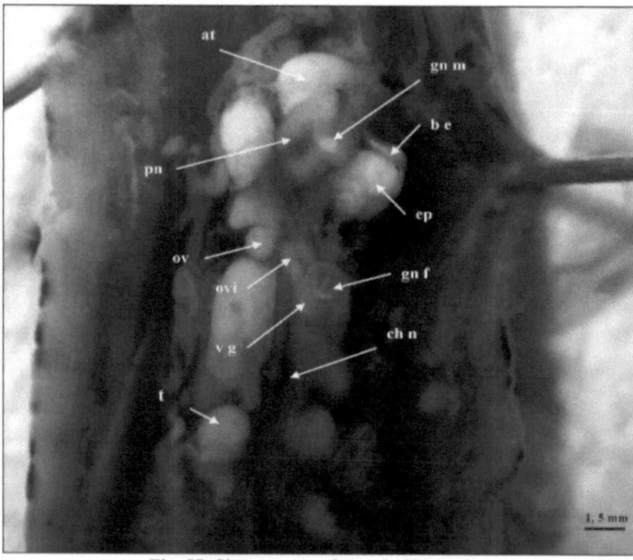

Fig. 57: Sistema reprodutor de *H. troctina.*
at: átrio, b e: bolbo ejaculatório, ep: epidídimo, gn m: gonóporo masculino, gn f: gonóporo feminino, ov: ovário, ovi: oviduto, pn: pénis, vg: vagina, t: testículo, ch n: cadeia nervosa (Trabalho atual).

Hirudo troctina caracteriza-se por um epidídimo maciço (Fig. 58), também conhecido como vesícula seminífera. O epidídimo tem uma região enrolada em relação ao bolbo ejaculatório, que tem uma região inchada e muscular. A vagina é bulbosa, reta e não enrugada. O átrio continua num pénis longo.

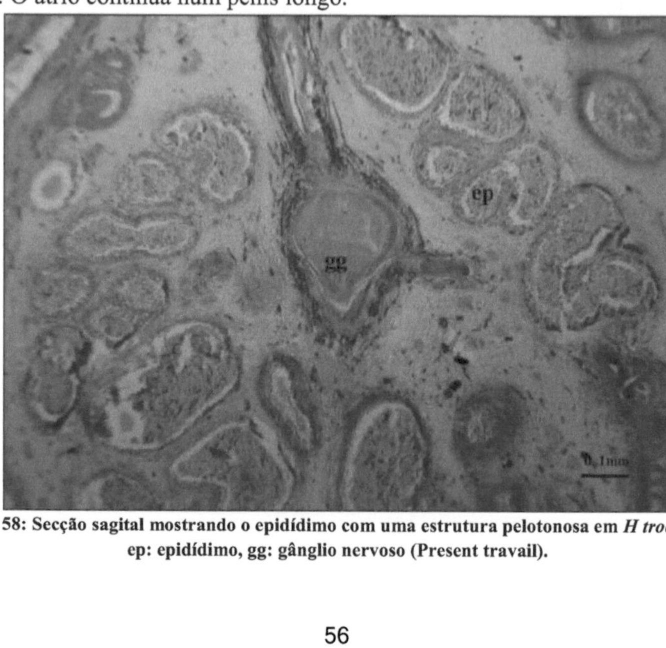

Fig. 58: Secção sagital mostrando o epidídimo com uma estrutura pelotonosa em *H troctina.*
ep: epidídimo, gg: gânglio nervoso (Present travail).

2. 1.2. *Limnatis. sp.1* :

Como todos os Hirudinidae, esta espécie tem um corpo cilíndrico vermiforme. A superfície dorsal do animal (Fig. 59) é castanha escura com três largas riscas cor de laranja ao longo do comprimento do animal: uma no meio e duas nos lados. A face ventral é de cor castanha escura uniforme (Fig. 60).

Fig. 59: Superfície dorsal de *Limnatis sp.1* (Trabalho atual).

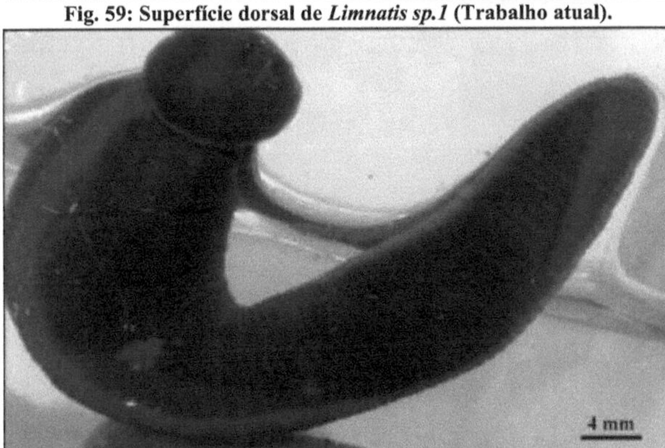

Fig. 60: Face ventral de *Limnatis sp. 1* (Trabalho atual).

A dissecação de um exemplar permitiu-nos ver o sistema reprodutor desta espécie.
A comparação do sistema reprodutor de *Hirudo sp.1* com o de *Hirudo troctina* mostra que eles diferem, especialmente na forma dos epidídimos. Os epidídimos de *Hirudo sp.1* são mais maciços e mais arredondados.
A diferença de coloração externa, que não é considerada um critério fundamental para a determinação específica noutros grupos zoológicos, é, neste caso, o critério mais fiável. Esta diferença de coloração é confirmada pela diferença na organização do sistema reprodutor (Fig. 61).

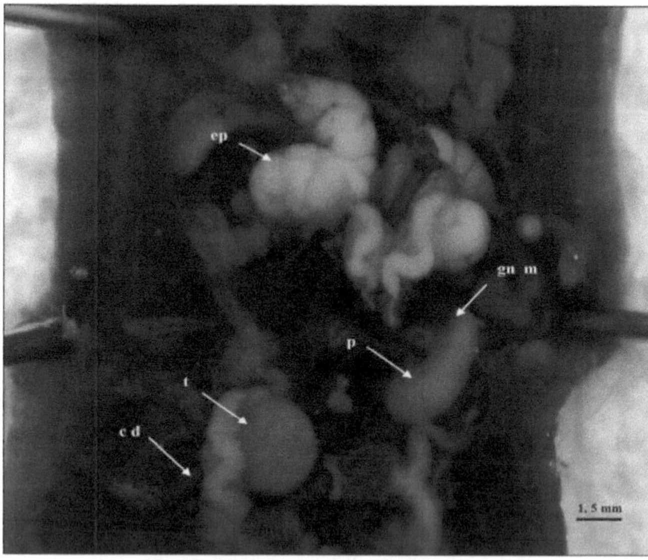

Fig. 61 : Sistema reprodutor de *Limnatis sp.1*.
ep: epidídimo, gn m: gonóporos masculinos, p: pénis, t: testículo, c d: canal deferente (Trabalho atual).

2. 1.3. *Limnatis. sp.2*

O Hirudo sp.2 tem um corpo cilíndrico vermiforme, cuja superfície dorsal é de cor verde escura não uniforme com três riscas cor de laranja, uma mediana e duas laterais. Existem ainda quatro linhas claras de cada lado da banda mediana (Fig. 62). A face ventral é uniformemente castanha (Fig. 63).

Fig. 62 : Face dorsal de *Limnatis. sp.2* (Trabalho atual).

Fig. 63: Face ventral de *Limnatis. sp.2* (Trabalho atual).

A dissecação de um exemplar de *Hirudo sp.2* confirma a diferença no sistema reprodutor, especialmente a forma do epidídimo, em comparação com *Hirudo troctina* (Fig. 64).

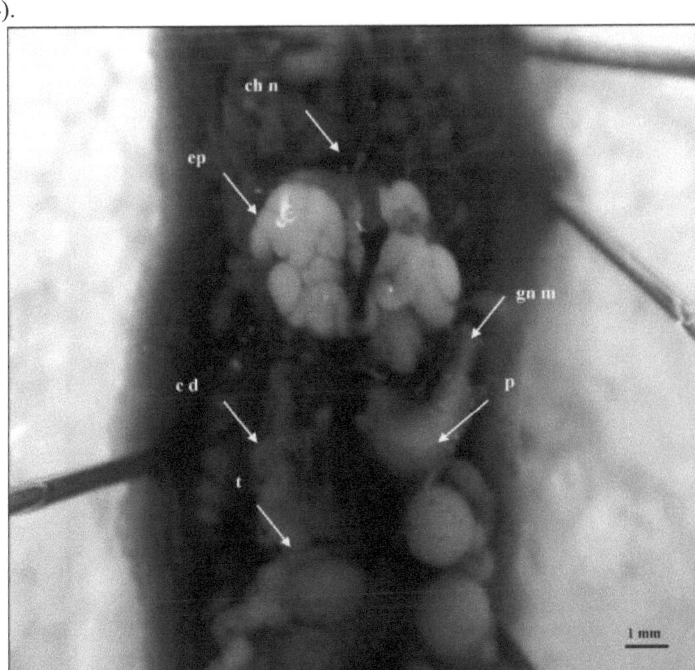

Fig. 64 : Sistema reprodutor de *Limnatis. sp.2*.
ch n: cadeia nervosa, ep: epidídimo, gn m: gonóporo masculino, c d: canal deferente, p: pénis, t: testículo (Trabalho atual).

2. 1.4. *Limnatis nilotica*

O Hirudo sp.3 tem um corpo cilíndrico vermiforme com uma superfície dorsal castanho-esverdeada (Fig. 65) e duas riscas laterais cor de laranja (Fig. 66). Na superfície dorsal existem 4 linhas longitudinais pontilhadas de cor preta. A face ventral é de cor castanha uniforme.

Esta espécie resiste bem quando jovem; de facto, foi capaz de sobreviver no laboratório durante dez meses sem se alimentar. A dissecação de um espécime mostra a ausência de testículos, o que poderia ser explicado pelo facto de este animal utilizar certos órgãos e tecidos internos como alimento quando sujeito a condições erradas.

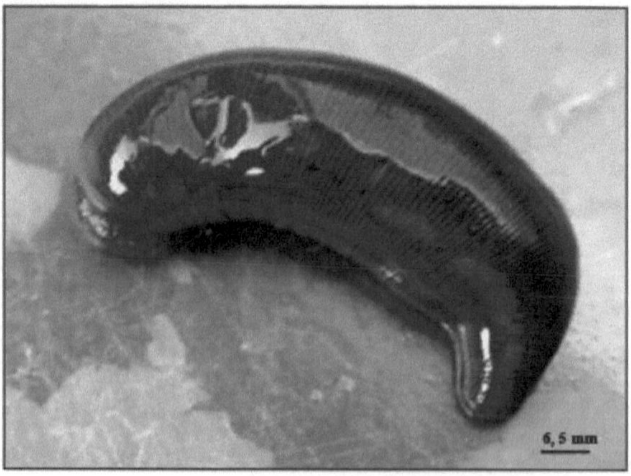

Fig. 65 : Face dorsal de *Limnatis nilotica* (Trabalho atual).

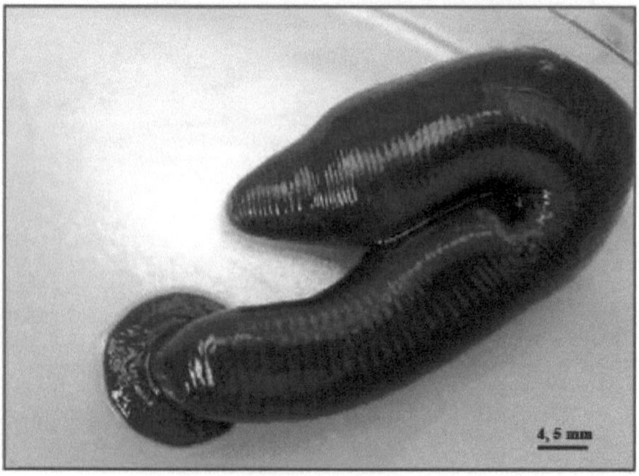

Fig. 66 : Vista lateral mostrando a faixa laranja em *Limnatis nilotica* (Trabalho atual).

Hirudo sp.3 também apresenta diferenças no sistema reprodutor (Fig. 67) em comparação com as outras espécies do género *Hirudo*. O epidídimo é maior do que o de *Hirudo sp.1* e *Hirudo sp.2*.

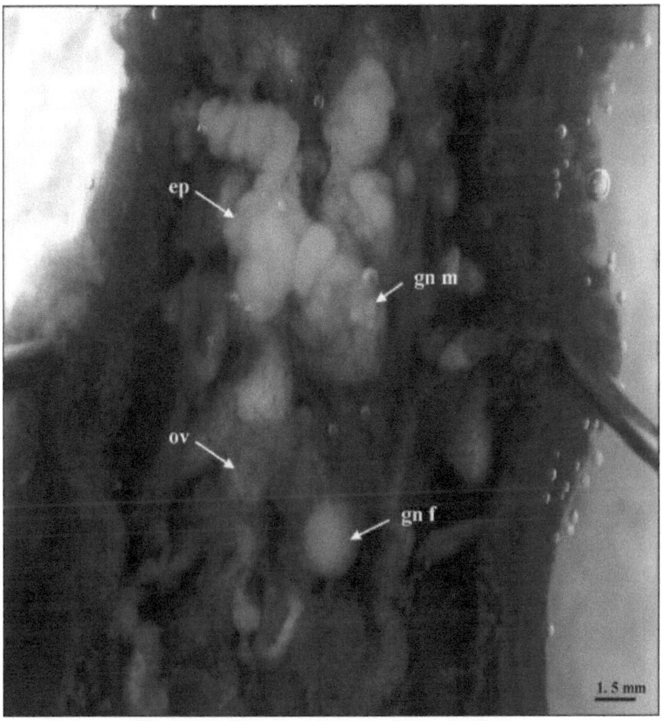

Fig. 67: Sistema reprodutor de *Limnatis nilotica*
ep: epidídimo, gn m: gonóporo masculino, gn f: gonóporo feminino, ov: ovário (Trabalho atual).

Nota: Posição taxonómica

Apesar do elevado valor de conservação, da atenção médica e do interesse biológico das sanguessugas medicinais, tem havido confusão quanto à sua posição taxonómica. Historicamente, as sanguessugas medicinais têm sido consideradas formas ou variedades diferentes da mesma espécie *Hirudo medicinalis*, com exceção da *Hirudo troctina*, que foi considerada uma espécie separada desde o início. A diferença de coloração externa é atribuída às origens geográficas distintas destas formas e só foi válida para o *Hirudo troctina* do Norte de África, ainda chamado por **Brumpt (1949)** "Dragon d'Alger". A distinção entre *Hirudo troctina* e *Hirudo medicinalis* foi confirmada por **Hetchet e Sawyer (2002)** através da comparação dos dois sistemas reprodutores. Estes autores sublinharam igualmente a coloração externa como um critério de distinção fiável. **Kutschera (2004)** registou a ausência de fecundação cruzada entre *Hirudo verbana* e *Hirudo medicinalis* e concluiu que se tratava de duas espécies diferentes. Um estudo molecular subsequente efectuado por **Trontelj e Utevsky (2004)** permitiu resolver e confirmar estas opiniões.

Em resumo, são referidas na bibliografia cinco espécies pertencentes ao género Hirudo: *Hirudo medicinalis* conhecida da Europa Ocidental e Central, Ucrânia e Lituânia; *Hirudo verbana* : Região do Mediterrâneo Oriental, Balcãs, Moldávia,

Ucrânia, Rússia e Arménia; *Hirudo troctina*: Marrocos, Tunísia e Argélia; *Hirudo orientalis*: Geórgia, Arménia, Azerbaijão e Irão (**Grosser e Pesic, 2006**); enquanto *Hirudo nioponia* é conhecida do Japão.

3. Família Erpobdellidae Blanchard, 1894

As espécies desta família são carnívoras, predadoras de insectos aquáticos. Abandonaram a dieta hematófaga dos seus antepassados (**Apakupakul *et al.*, 1998**). Caracterizam-se pela ausência de proteção parental para os juvenis, e centenas de casulos lisos e castanhos são posteriormente abandonados em vários substratos, como seixos.

As espécies da família Erpobdellidae são consideradas como bons indicadores da poluição das águas doces (**Wicklum e Davies, 1996 *In* Siddall 2002**). Estas espécies são abundantes em meios poluídos ricos em substâncias orgânicas.

No presente trabalho, encontrámos apenas uma espécie desta família na barragem do Lebna: *Erpobdella testacea* :

3.1. *Erpobdella testacea* : (Savigny, 1822)

Nephelis testacea **Savigny, 1820** (l.ocalito típico: Paris)

Nephelis octoculata **Blanchard, 1893**

Herpobdella testacea **Johansson, 1910**

Erpobdella testacea **Bennicke, 1943**

Tal como as espécies da família Erpobdellidae, *Erpobdella testacea* tem um corpo cilíndrico. A cor do corpo é castanho escuro uniforme (Fig. 68).

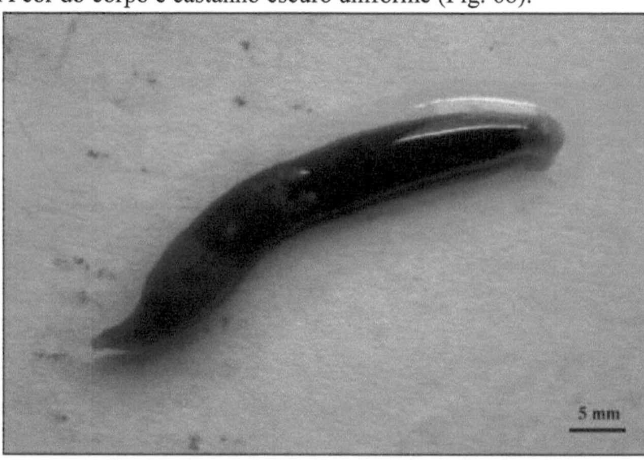

Fig. 68 : Face ventral de *E. testacea* (Trabalho atual).

Esta Hirudinea tem uma boca larga que ocupa toda a parte anterior da ventosa. As mandíbulas estão ausentes (Fig. 69).

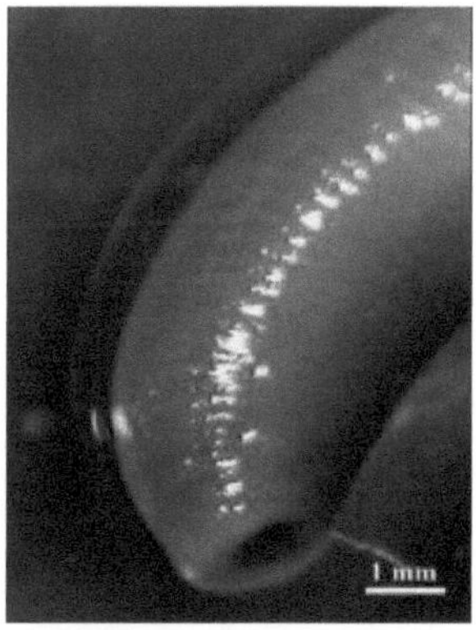

Fig. 69 : Ventosa anterior de *E. testacea* (Trabalho atual).

Existem oito olhos, divididos em três grupos: um grupo frontal com quatro olhos e dois grupos laterais, cada um com dois olhos (Fig. 70).

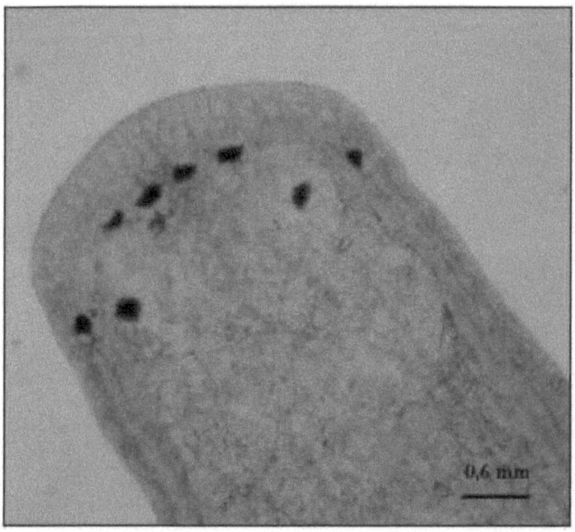

Fig. 70 : Disposição dos olhos em *E. testacea* (Trabalho atual).

Os gonóporos masculinos e femininos estão separados por quatro anéis (Fig. 71) e os cecos digestivos estão ausentes (Fig. 72).

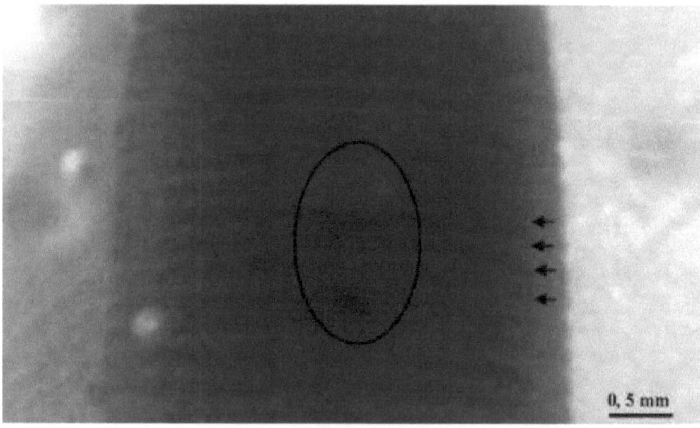

Fig. 71: Posição dos gonóporos masculinos e femininos em *E. testacea*. Cada seta corresponde a um anel (Trabalho atual).

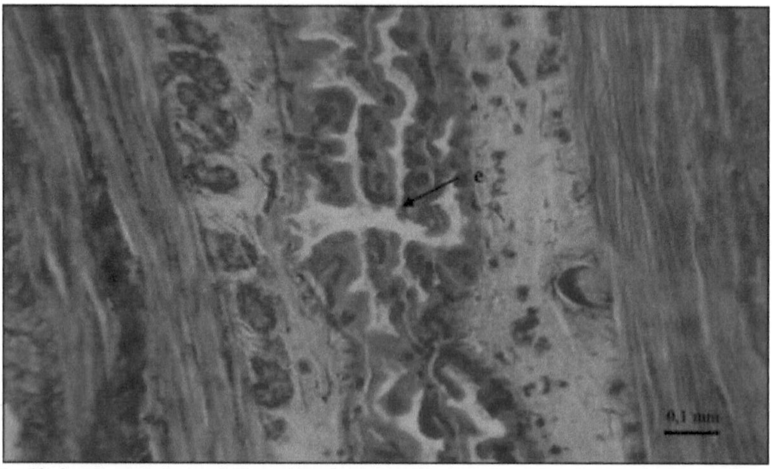

Fig. 72: Secção sagital através da região gástrica em *E. testacea* mostrando a ausência de cecos; e: estômago (Trabalho atual).

Nesta família, a probóscide e as mandíbulas estão ausentes, tornando impossível o parasitismo. Os Erpobdellidae engolem as suas presas inteiras, utilizando uma faringe muscular sem mandíbulas **(Govedich *et al.*, 2002).**

No laboratório, os juvenis foram fotografados a devorar um pedaço de fígado (Fig. 73).

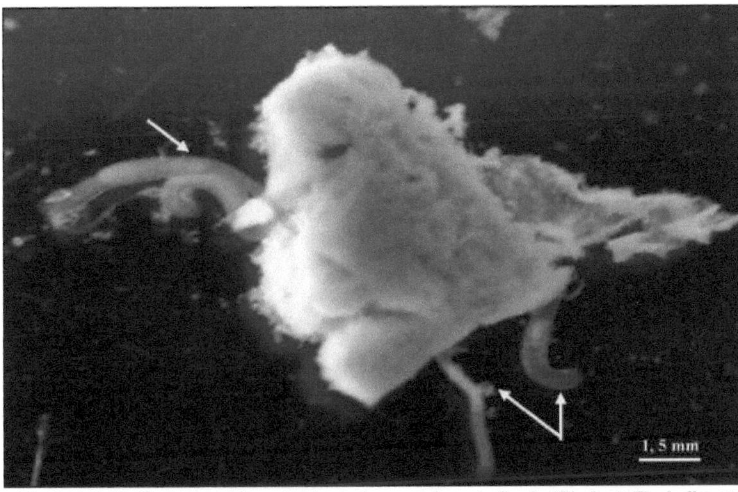

Fig. 73: Juvenis de *E. testacea* alimentando-se de um pedaço de fígado (Fleches) (Trabalho atual).

A partir das nossas observações no campo, pudemos verificar a ausência de proteção parental dos juvenis nesta espécie. Centenas de casulos abandonados foram observados no substrato (Fig. 74).

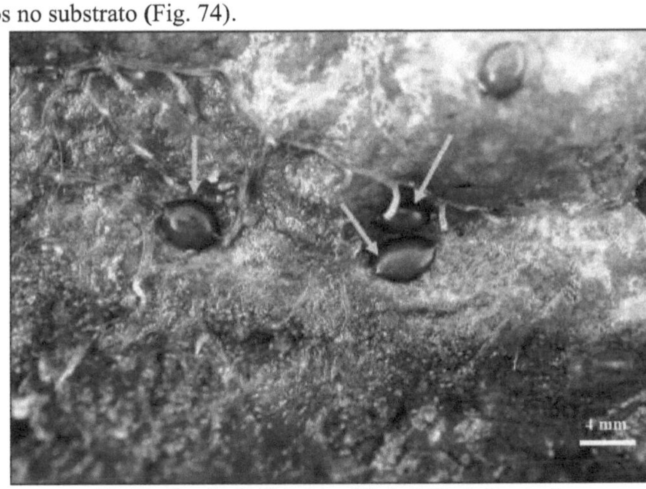

Fig. 74 : Casulos de *E. testacea* (Fleches) (Trabalho atual).

O casulo em forma de escama de *Erpobdella testacea* é oval, liso, achatado e de cor castanha. É quase opaco e está cheio de uma solução viscosa que serve de alimento aos pequenos ovos que se encontram no seu interior (Fig. 75).

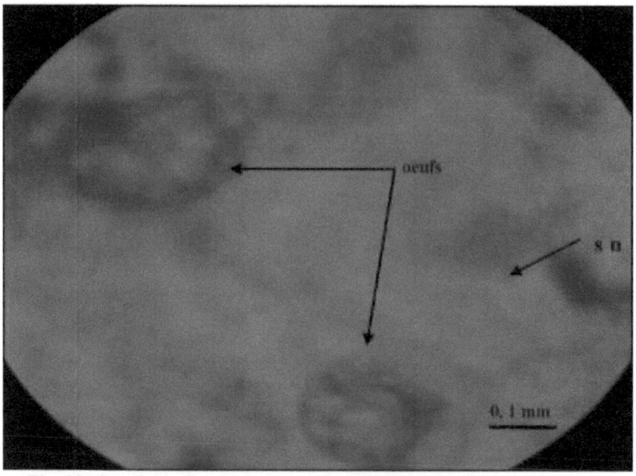

Fig. 75: Casulo de *E. testacea*. s n: solução nutritiva (Trabalho atual).

4. Proposta de classificação geral dos Hirudinees da barragem do Lebna

No quadro 2 propomos uma classificação dos Hirudinees com base em critérios morfológicos, regime alimentar e ausência ou presença de proteção parental dos casulos e juvenis.

Quadro 2 (Trabalho atual).

CLASSIFICAÇÃO DAS HIRUDINAS	ORbRES
A. Boca com três maxilas serrilhadas ou três pregas longitudinais.	ARHYNCHOBbbELLES
B. Boca com probóscide protrátil.	RHYNCHOBbELLES
classificação dos sinos de arhynchobella	
A. Boca sem mandíbulas mas com três pregas longitudinais, três ou quatro pares de olhos, sistema digestivo sem cecos gástricos, espécies predadoras nunca hematófagas, sem proteção parental dos casulos.	Família ERPOBbELLIbAE
B. Boca com três maxilas, cinco pares de olhos, sistema digestivo com cecos gástricos, hematófagos, sem proteção parental dos casulos.	Família HIRUbINIbAE
CLASSIFICAÇÃO bES RHYNCHOBbELLES	
A. Boca equipada com uma probóscide, olhos concentrados na linha mediodorsal, corpo foliáceo achatado dorsoventralmente cujos órgãos são visíveis por transparência, espécies hematófagas ou predadoras, presença de proteção parental dos casulos e dos juvenis.	Família SLOSSIPHONIIDAE

O número de olhos, a sua posição e a sua disposição são importantes para determinar o género: (Trabalho atual)

1 - Quatro pares de *olhos.......Theromyzon*

Um tem três pares de olhos.............2

2 Três pares de olhos.... *Alboglossiphonia*

Dois pares de olhos...................3

3 - Um único par de olhos separa uma pessoa da outra *Batracobdella*

- Um único par de olhos não separados um do outro *Placobdela*

IV. DISTRIBUIÇÃO GEOGRÁFICA DAS ESPÉCIES ENCONTRADAS

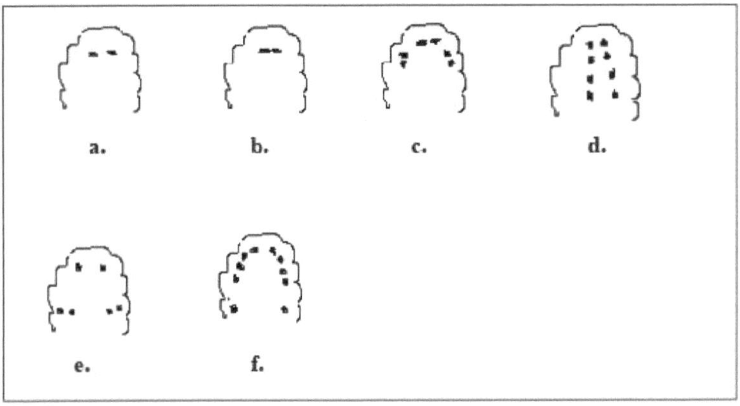

Fig. 76: Posição e disposição dos olhos nos seis géneros de Hirudíneos recolhidos na barragem do Lebna: quatro géneros diferentes da família Glossiphoniidae: (a) *Batracobdella*, (b) *Placobdella*, (c) *Alboglossiphonia*, (d) *Theromyzon*, da família Erpobdellidae: (e) *Erpobdella*, da família Hirudinidae: f) *Hirudo* (Trabalho atual).

Na sequência deste trabalho, realizado pela primeira vez na Tunísia, podemos estabelecer uma nova distribuição geográfica mediterrânica e mundial para algumas das espécies recolhidas.

1. Distribuição geográfica de *Batracobdella algira*

Esta espécie foi descoberta pela primeira vez por Moquin-Tandon (1846) na Argélia **(Minelli, 1979).** Foi também registada nas costas setentrionais do Mediterrâneo: Península Ibérica, Ilhas Baleares, Córsega, Sardenha e também na Europa Oriental: Crimeia **(Minelli, 1979).** Na Tunísia, foi registada por **Blanchard (1908).**

2. Distribuição geográfica de *Theromyzon tessulatum*

Esta espécie foi mencionada pela primeira vez por Muller (1774) na Dinamarca **(Minelli, 1979).** É conhecida como Holárctica (região Paleártica e região Neárctica). Também foi registada no Japão e na América do Sul **(Minelli, 1979).**

No presente trabalho, é referida pela primeira vez na Tunísia e no Norte de África. *T. tessulatum* é a mais amplamente distribuída das outras espécies (Figs. 77 e 78).

3. Distribuição geográfica de *Placobdella nabeulensis*

P.costata foi descoberta pela primeira vez na Crimeia por Muller (1846) **(Minnelli, 1979).** É uma espécie mediterrânica que se estende para oeste até à Ucrânia. Foi também registada na Grécia, na Turquia, na parte sul da Península Arábica e em Itália:

Roma, Sassari e Pádua **(Minelli, 1979).** Na Tunísia, foi registada como *Haementeria costata* por **Blanchard (1908).**

Neste trabalho, temos a oportunidade de descrever uma nova espécie do género *Placobdella*, apresentando semelhanças morfológicas e anatómicas com *P. costata*. Trata-se de uma espécie críptica, que só pode ser distinguida com certeza através de análises moleculares.

4. Distribuição geográfica de *Alboglossiphonia hyalina*

Esta espécie foi descoberta pela primeira vez na Europa por Linnaeus (1761) (**Anónimo 3**: website). Só é conhecida da Europa Central e Oriental (**Anónimo 3**: website). Além disso, foi recentemente registada na costa indiana **(Nessemenn, 2002:** website**).**

Esta é a primeira vez que é registada na Tunísia e no Norte de África.

A família Glossiphoniidae é considerada cosmopolita **(Govedich e Davies, 1998),** uma vez que só é encontrada na Antárctida. No nosso caso, foram encontrados quatro representantes desta família na barragem do Lebna.

5. Distribuição geográfica de *Hirudo troctina*

Esta espécie foi descoberta pela primeira vez por Johonsson (1816) **(Sawyer, 1986).** Não existe uma localidade típica. Foi descrita por **Hetchel e Sawyer (2002)** no Norte de África: Tunísia, Marrocos e Argélia e por Utevsky na Ucrânia (comunicação pessoal).

6. Distribuição geográfica de *Erpobdella testacea*

Esta espécie foi descoberta pela primeira vez por Savigny (1820) em Paris **(Minnelli, 1979).** Foi também registada na costa norte do Mediterrâneo: Espanha, norte de Itália, Grécia e França; na Europa Oriental; na parte sul da Grã-Bretanha; na Suécia e na Finlândia **(Minnelli, 1979).**

Esta é a primeira vez que é registada na Tunísia e no Norte de África.

CAPÍTULO IV

ESTUDO ECOLÓGICO E BIOLÓGICO

Poucos estudos foram efectuados sobre as preferências ecológicas das sanguessugas. De facto, estes animais habitam a maioria dos ambientes aquáticos e os factores limitantes parecem ser a temperatura e a acidez elevada **(Grasse, 1959).** No entanto, estas sanguessugas estão expostas a variações extremas dos factores ambientais, como a temperatura e o teor de oxigénio da água.

Muitas sanguessugas são capazes de tolerar uma grande variação de salinidade. Verificou-se também que toleram muito bem a poluição, os pesticidas, os óleos e os sulfatos, mas nunca toleram o zinco (**Ginsberg, 1998: website**). Esta tolerância relativa explica-se pela presença de plasticidade fisiológica **(Govedich, 2001).**

Durante o período de estudo (setembro de 2005-agosto de 2006), medimos mensalmente a salinidade, o pH e a temperatura da água da barragem (Quadro 3) ao mesmo tempo que a colheita das minhocas.

O estudo destes factores abióticos foi realizado com o objetivo de demonstrar uma possível relação entre as flutuações ambientais e a variação da frequência de cada espécie nas amostras mensais.

Tabela 3: Parâmetros abióticos registados mensalmente na estação de estudo (Presente trabalho).

Mês	J	F	M	Av	M	Ju	Jui	Visitar	s	O	N	b
Temperatura	10,4	9,7	12,8	14,2	16,3	21,1	24,7	21,6	19,6	20,7	18,9	16,1
Salinite	0,71	0,61	0,60	0,59	0,58	0,60	0,75	1,19	1	1,09	0,93	0,81
pH	8,4	7,7	7,4	7,9	8,2	8,6	8,7	8,5	8,1	7,9	8,3	8,2

1. FACTORES ABIÓTICOS E SUA INFLUÊNCIA NA ABUNDÂNCIA DE HIRUDINA

1. Factores abióticos

1.1. Temperatura da água

A temperatura é um fator de distribuição importante para a vida aquática. Controla todos os processos biológicos (reprodução, crescimento, preferência térmica, etc.) ligados a um determinado ambiente **(Aminot et chaussepied, 1983).**

Durante o período de estudo, a água na albufeira da barragem de Lebna é relativamente quente no verão (junho, julho e agosto), com picos em julho (24,7°C) e agosto (21,6°C). A água arrefece progressivamente no outono (setembro, outubro e novembro) e no inverno (dezembro e janeiro), com valores mínimos registados em fevereiro (9,7°C) e janeiro (10,4°C) (Fig. 79). Estes resultados estão de acordo com os encontrados por **Ammar (2006).**

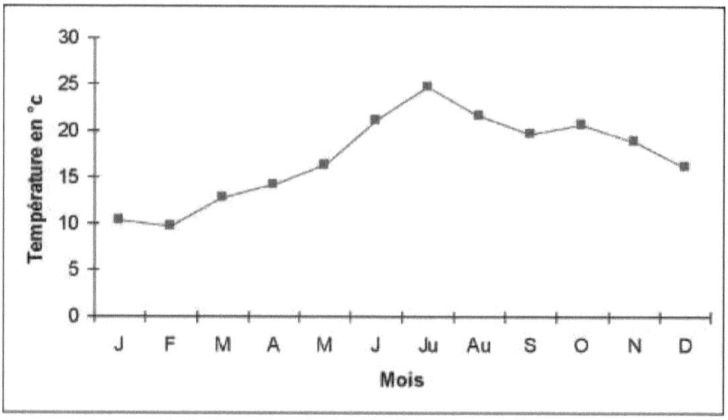

Fig. 79 : Variation mensuelle de la température.

1.2. Salinite

A mineralização da água depende essencialmente do terreno através do qual ela flui **(Nisbet e Verneaux, 1970).**

As águas da barragem são marcadas por salinidades relativamente próximas (Fig. 80). Apresentam flutuações temporais.

Os valores de salinidade das águas superficiais registados durante o período de estudo oscilaram entre 0,58 g/l e 1,93 g/l. As variações sazonais da salinidade foram pequenas. Podem ser devidas ao efeito da evaporação no verão e ao afluxo de água doce proveniente da precipitação durante a estação fria.

Em comparação com as observações de **Dhaouadi (2003)**, na albufeira de Lebna, durante o período de julho de 97 a dezembro de 98, a salinidade máxima atingiu um valor de 0,97g/l. Este valor é inferior ao registado no presente estudo. Este valor é inferior ao registado no presente estudo.

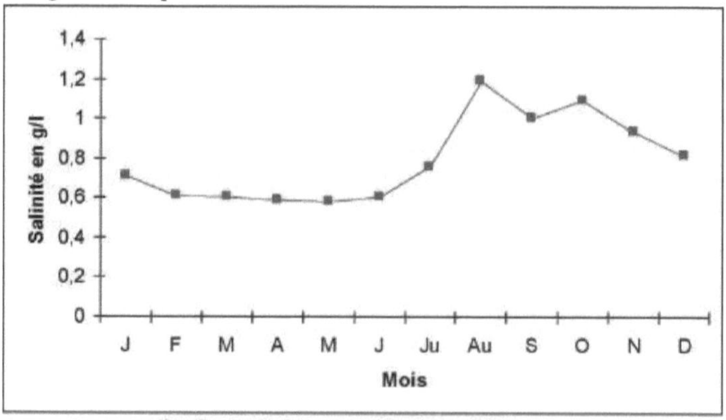

Fig. 80 : Variation mensuelle de la salinité.

3. Potencial de hidrogénio (pH)

O pH ou potencial hidrogeniónico caracteriza a acidez ou a alcalinidade da água. Este parâmetro permite estimar o grau de agressividade de uma água e a sua aptidão para a vida animal. Segundo **Dussart (1992)**, nas águas doces, o pH é muito variável em função da hora do dia, da temperatura, da insolação, da intensidade luminosa, da assimilação da clorofila e da respiração dos organismos vivos.

Os valores de pH medidos durante as amostragens variaram entre 7,4 e 8,7 (Fig. 81), indicando a alcalinidade do meio devido à presença de rochas calcárias e, portanto, de carbonatos **(El Herry, 2004).**

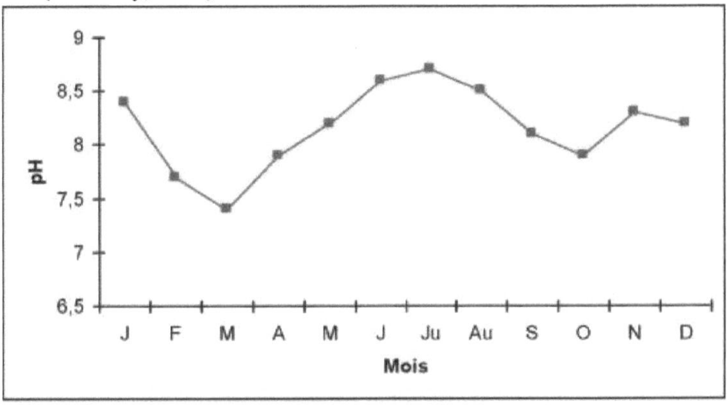

Fig. 81 : Variation mensuelle du pH.

2. Influência dos factores abióticos no número de diferentes espécies de hirudina

Com exceção de *E. testacea*, as medições mensais dos factores abióticos entre setembro de 2005 e agosto de 2006 revelaram uma falta de correlação entre estes factores e a abundância das espécies registadas.

2.1. Temperatura

Batracobdella algira

De acordo com a Figura 82, *B. algira* prefere temperaturas moderadamente altas, em torno de 15°C, correspondendo aos maiores números. No entanto, a análise pelo teste de Spearmann não mostrou correlação entre o número desta espécie e a temperatura ($R = 0{,}49$; $P = 0{,}099$).

Theromyzon tessulatum

A análise da Figura 83, que ilustra as variações mensais do número de *Theromyzon tessulatum* recolhidos em função da temperatura, mostra que esta espécie está ausente durante o período da primavera e do verão, quando se registaram os valores mais elevados de temperatura. No entanto, a análise através do teste de Spearmann mostrou que não existe correlação entre a temperatura e a abundância *de T. tessulatum* ($R = -0{,}241$; $P = 0{,}449$).

Placobdella nabeulensis

A figura 84, que mostra as variações mensais do número de *P. nabeulensis* recolhidos em função da temperatura, mostra que esta última parece não ter influência sobre o número de exemplares desta espécie, pois para duas temperaturas semelhantes (21,1 de junho e 21,6 de agosto), o número de exemplares recolhidos na mesma zona é diferente (5 e 18). No entanto, é de notar que a baixas temperaturas inferiores a 16° (dezembro, janeiro, fevereiro, abril e maio), a espécie não é muito abundante (N inferior a 5). A análise estatística dos resultados através do teste de Spearmann confirma esta hipótese. De facto, não foi encontrada nenhuma correlação entre a temperatura e a abundância desta espécie (R = 0,340; P = 0,278).

Alboglossiphonia hyalina

A figura 85 mostra que a temperatura da água parece não ter influência na presença da espécie *A. hyalina*. De facto, para quase o mesmo valor de temperatura, existem dois números diferentes (maio: T = 16,3 e N = 35; dezembro: T = 16,1 e N = 4). Aplicando o teste de Spearmann, não foi encontrada nenhuma correlação entre a temperatura e a abundância desta espécie (R = 0,19; P = 0,54).

Hirudo troctina

A observação do gráfico da figura 86 mostra, à primeira vista, que a temperatura parece ter um efeito sobre a abundância de *H. troctina*, uma vez que a temperatura mais elevada da água coincide com o número máximo de espécimes recolhidos. No entanto, a análise estatística dos resultados não revelou qualquer correlação entre a temperatura e a abundância desta espécie (R = 0, 280; P = 0, 377).

Erpobdella testacea

A análise da figura 87 mostra que *E. testacea* está presente durante a maior parte do ano, o que sugere que as tolerâncias desta espécie são amplas. A densidade mais elevada é registada durante a estação quente, o que sugere que esta espécie prefere valores de temperatura elevados.

O tratamento estatístico destes dados mostrou uma correlação significativa, ao nível de 5%, entre a temperatura e a abundância desta espécie (R = 0,619; P = 0,031).

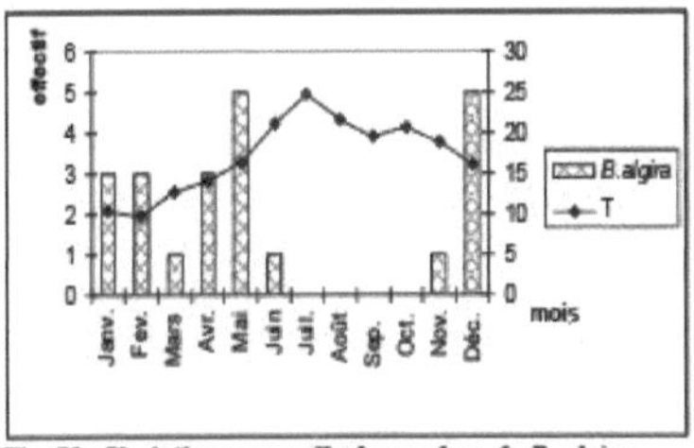

Fig. 82 : Variation mensuelle du nombre de *B. algira* récolté en fonction de la température.

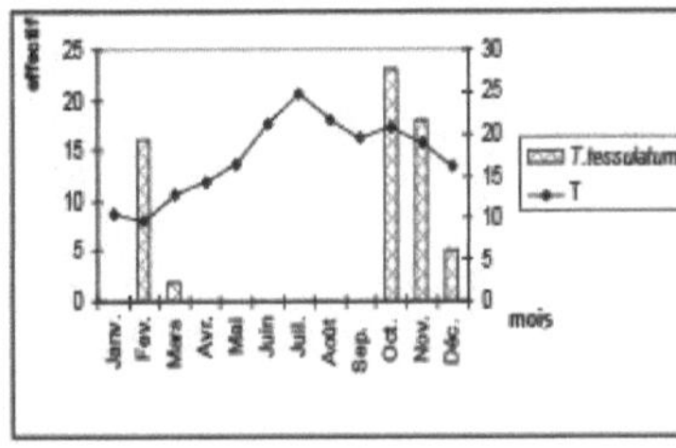

Fig. 83 : Variation mensuelle du nombre de *T. tessulatum* récolté en fonction de la température.

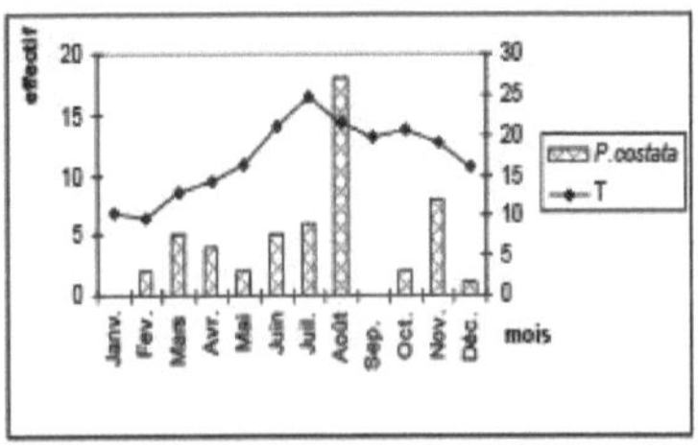

Fig. 84 : Variation mensuelle du nombre de *P. babeulensis* récolté en fonction de la température.

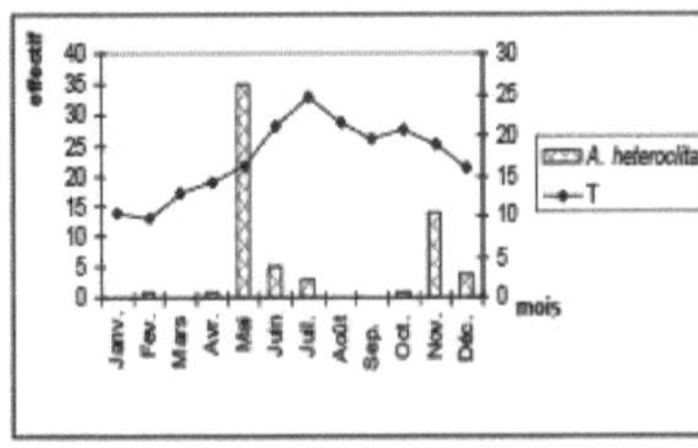

Fig. 85 : Variation mensuelle du nombre d' *A. hyalina* récolté en fonction de la température.

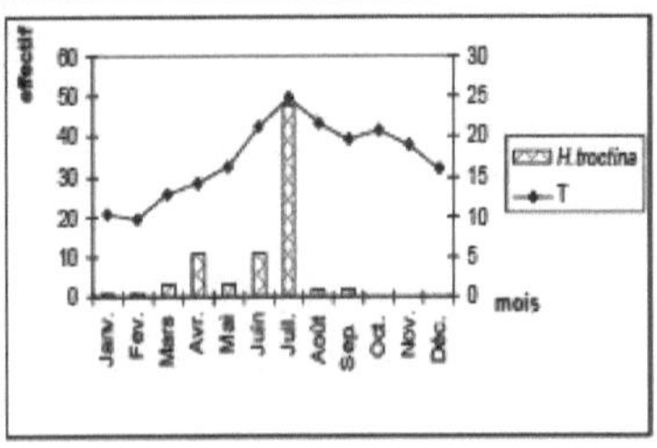

Fig. 86 : Variation mensuelle du nombre de *H. troctina* récolté en fonction de la température.

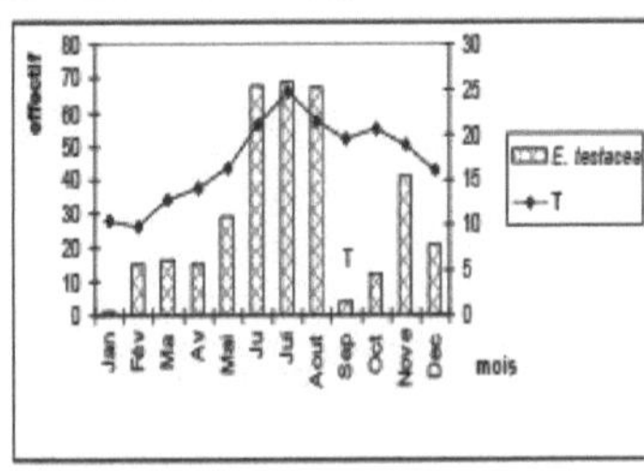

Fig.87 : Variation mensuelle du nombre d'*E. testacea* récolté en fonction de la température.

Fig. 82: Variação mensal do número de *B. algira* colhidas em função da temperatura.
Fig. 83: Variação mensal do número de *T. tessulatum* colhidas em função da temperatura.
Fig. 84: Variação mensal do número de *P. babeulensis* colhidas em função da temperatura.

Fig. 85: Variação mensal do número de *A. hyalina* colhidas em função da temperatura.
Fig. 86: Variação mensal do número de *H. troctina* recolhidos em função da temperatura.
Fig.87 : Variação mensal do número de *E. testacea* colhidas em função da temperatura.

.2. Salinite

Batracobdella algira

A figura 88, que apresenta a monitorização mensal do número de *B. algira* em função da salinidade, mostra que a salinidade parece não ter influência na presença desta espécie. De facto, registámos números variáveis para quase os mesmos valores de salinidade (fevereiro a junho). O teste de Spearmann mostrou que não havia correlação entre a salinidade e a presença de *B. algira* na estação de estudo (R = 0,088; P = 0,784).

Theromyzon tessulatum

A Figura 89, que representa as variações mensais do número de *Theromyzon tessulatum* em função da salinidade, mostra que a salinidade parece não ter efeito sobre esta espécie, uma vez que o número de peixes é o mesmo (novembro: salinidade = 0,93 e N = 18; fevereiro: salinidade = 0,61 e N = 16). A análise estatística dos resultados não mostrou qualquer correlação entre o número de *T. tessulatum* e a variação da salinidade (R = 0,31; P = 0,322).

Placobdella nabeulensis

As variações mensais do número de *P. nabeulensis* colhidas em função da salinidade (Fig. 90) mostram que a salinidade parece ter influência no número desta espécie. Com efeito, verificou-se que a salinidade máxima registada coincidiu com o maior tamanho da população. No entanto, a análise estatística dos resultados invalidou esta hipótese e não foi encontrada qualquer correlação entre a salinidade e o número de *P. costata* (R = 0,088; P = 0,784).

Alboglossiphonia hyalina

A figura 91 mostra que a abundância de *Alboglossiphonia hyalina* parece ser independente das variações de salinidade. Foram obtidas colheitas diferentes para o mesmo valor de salinidade (abril: salinidade = 0,59 e N = 1; maio: salinidade = 0,58 e N = 35). A análise estatística dos resultados confirma esta hipótese, não tendo sido encontrada qualquer correlação entre a abundância de *A. hyalina* e a salinidade (R = - 0, 332; P = 0, 291).

Hirudo troctina

De acordo com a figura 92 e com base numa análise estatística, a abundância de *H. troctina* parece ser independente da salinidade da água (R = - 0, 557; P = 0, 59).

Erpobdella testacea

A análise da figura 93 mostra que a salinidade parece não ter qualquer efeito sobre a abundância desta espécie, uma vez que se pode encontrar o mesmo número de exemplares recolhidos para diferentes valores de salinidade (junho: salinidade = 0,6 e N = 78; agosto: salinidade = 1,19 e N = 79). A análise pelo teste de Spearmann mostrou que não houve correlação entre a abundância de *E. testacea* e a salinidade (R = -0,056; P = 0,862).

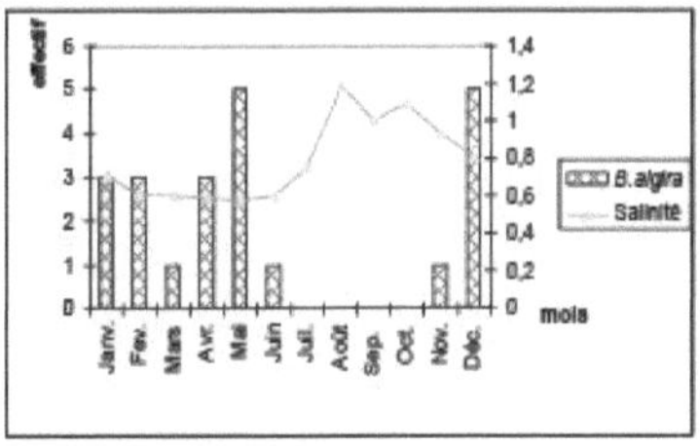

Fig. 88 : Variation mensuelle du nombre de *B. algira* récolté en fonction de la salinité.

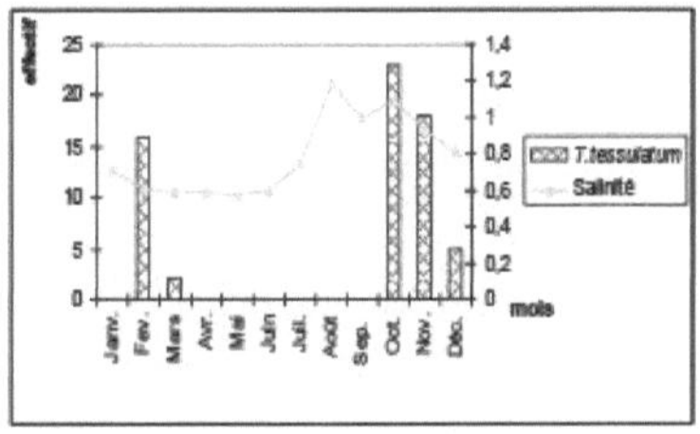

Fig. 89 : Variation mensuelle du nombre de *T. tessulatum* récolté en fonction de la salinité.

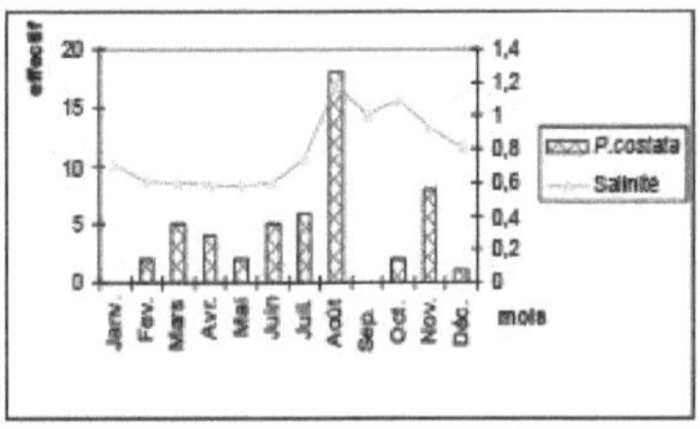

Fig. 90 : Variation mensuelle du nombre de *P. nabeulensis* récolté en fonction de la salinité.

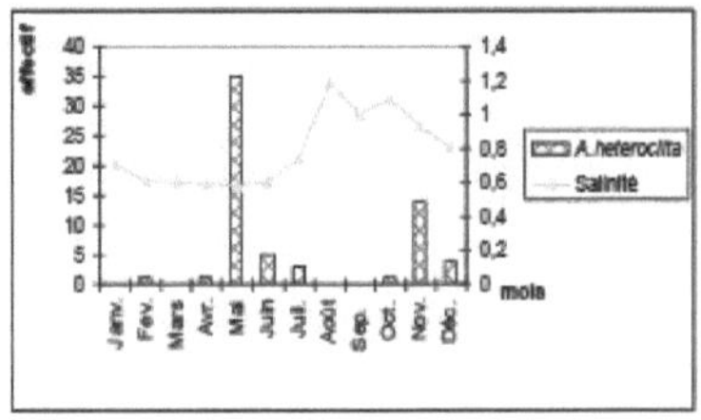

Fig. 91 : Variation mensuelle du nombre d'*A. hyalina* récolté en fonction de la salinité.

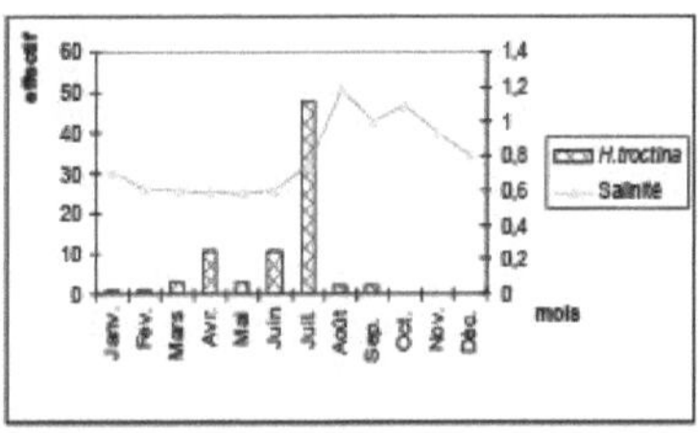

Fig.92 : Variation mensuelle du nombre de *H. troctina* récolté en fonction de la salinité.

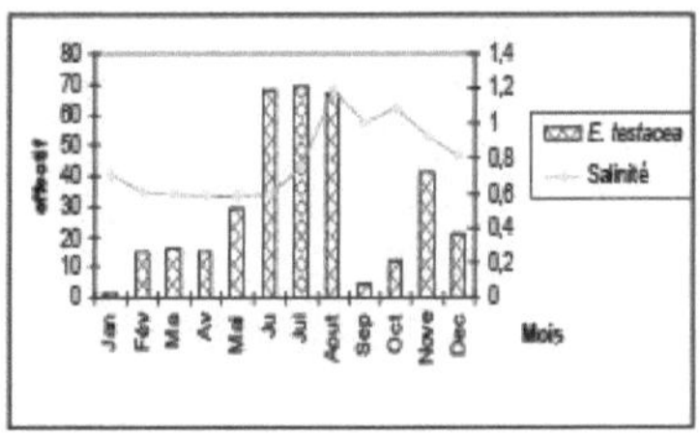

Fig. 93 : Variation mensuelle du nombre d'*E. testacea* récolté en fonction de la salinité.

Fig. 88: Variação mensal do número de *B. algira* colhidas em função da salinidade.
Fig. 89 Variação mensal do número de *T. tessulatum* colhidas em função da salinidade.
Fig. 90 Variação mensal do número de *P. nabeulensis* colhidas em função da salinidade.
Fig. 91 Variação mensal do número de *A. hyalina* colhidas em função da salinidade.
Fig.92: Variação mensal do número de *H. troctina* recolhidos em função da salinidade.
Fig. 93: Variação mensal do número de *E. testacea* colhidas em função da salinidade.

2.3. O pH

Batracobdella algira

A figura 94, que mostra a monitorização mensal do número de *B. algira* recolhidos em função do pH, sugere que a abundância desta espécie depende da salinidade em torno de um valor de ± 8. Além disso, registámos resultados diferentes para o mesmo pH em outubro e abril. A análise estatística dos resultados não revelou qualquer correlação entre o número de *B. algira* e o pH (R = 0,340; P = 0,278).

Theromyzon tessulatum

A análise da figura 95 mostra que a ausência de *T. tessulatum* coincide com os valores de pH mais elevados. No entanto, foram registadas duas colheitas relativamente distintas para dois valores de pH praticamente iguais (maio: pH = 8,2 e N = 0;

novembro: pH = 8,3 e N = 23). A análise estatística dos resultados não revelou qualquer correlação entre a abundância de *T. tessulatum* e o pH (R = -0,489, P = 0,106).

Placobdelle nabeulensis

A figura 96, que mostra as variações mensais do número de *P. costata* colhidas em função do pH, mostra que o pH não tem influência sobre esta espécie. De facto, para dois valores de pH idênticos (novembro: 8,3 e dezembro: 8,2), o número de indivíduos colhidos é diferente (N = 8 e N = 1). A análise estatística dos resultados confirmou esta hipótese e não foi encontrada nenhuma correlação (R = 0,340; P = 0,784).

Alboglossiphonia hyalina

O pH parece não ter qualquer efeito sobre o número de *Alboglossiphonia heteroclita* recolhidos (Fig. 97). Esta conclusão é tirada do facto de que para valores de pH de 8,1 e 8,2 encontrados em setembro e maio respetivamente, foram registados dois números diferentes (0 e 35). A análise estatística dos resultados (teste de correlação de Spearmann) confirma esta hipótese e não foi encontrada qualquer correlação entre o número de *A. heteroclita* e o pH (R = 0,19; P = 0,546).

Hirudo troctina

Embora o pico de pH coincida com a melhor colheita, parece não ter qualquer efeito sobre a presença de *H. troctina* (Fig. 98). A análise pelo teste de Spearmann não mostrou correlação entre o número de *H. troctina* e a variação do pH (R = 0,280; P = 0,377).

Erpobdella testacea

De acordo com a figura 99, a colheita mais elevada foi registada durante os meses de junho, julho e agosto, os meses em que se registaram os valores mais elevados de pH. Isto prova que a espécie *E. testacea* prefere águas com um pH alcalino.

Foi efectuada uma análise estatística e encontrou-se uma correlação positiva estatisticamente significativa, ao nível de 5%, entre o número de *E. testacea* e o pH (R = 0,616; P = 0,032).

Conclusão

Com exceção de *E. testacea*, cujo número foi estatisticamente correlacionado com a temperatura e o pH, não houve correlação entre os três factores abióticos estudados e o número das outras espécies de Hirudineae registadas.

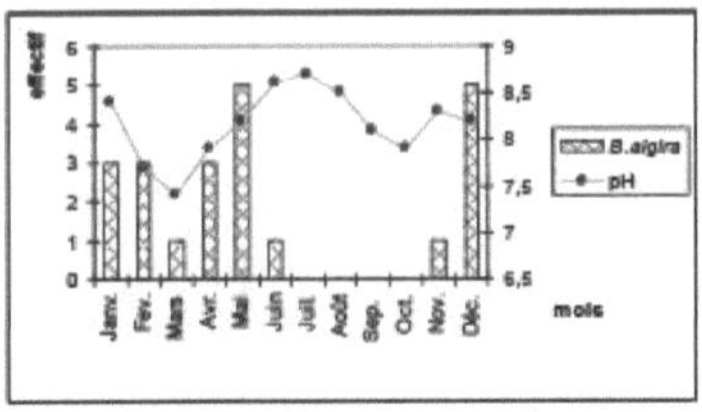

Fig. 94 : Variation mensuelle du nombre de *B. algira* récolté en fonction du pH.

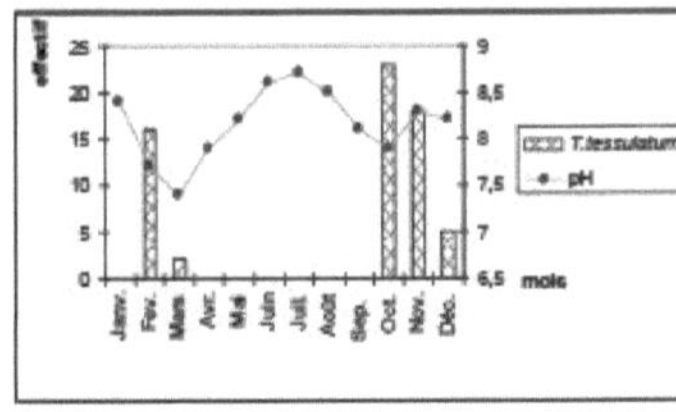

Fig. 95 : Variation mensuelle du nombre de *T. tessulatum* récolté en fonction du pH.

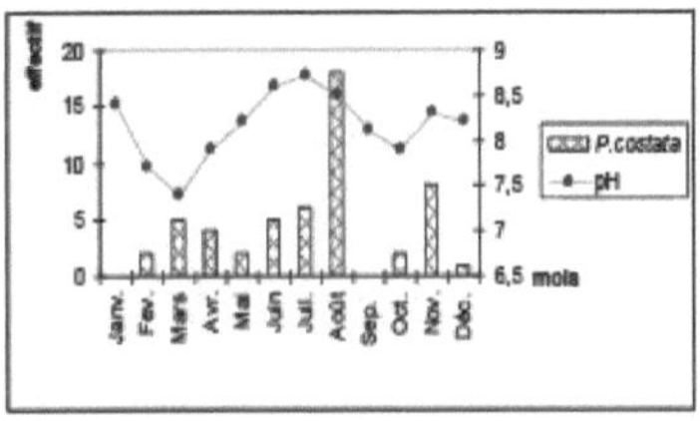

Fig. 96 : Variation mensuelle du nombre de *P. costata* récolté en fonction du pH.

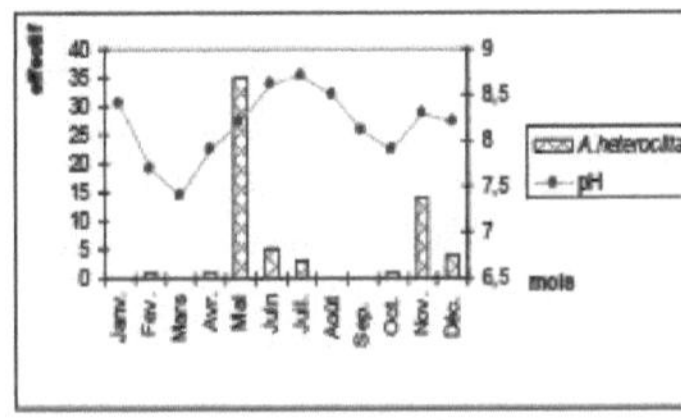

Fig. 97 : Variation mensuelle du nombre d'*A. heteroclita* récolté en fonction du pH.

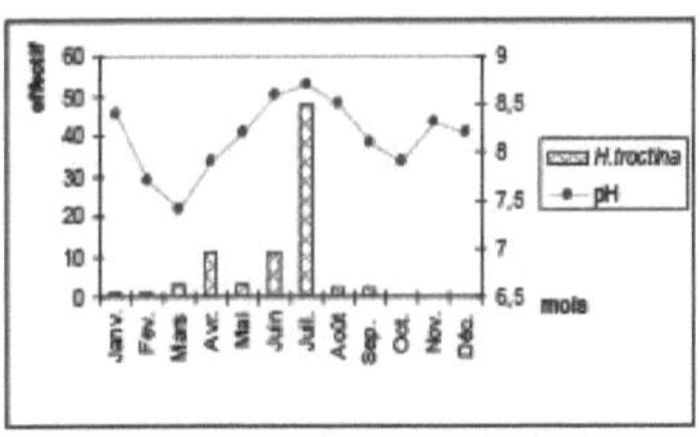

Fig. 98 : Variation mensuelle du nombre de *H. troctina* récolté en fonction du pH.

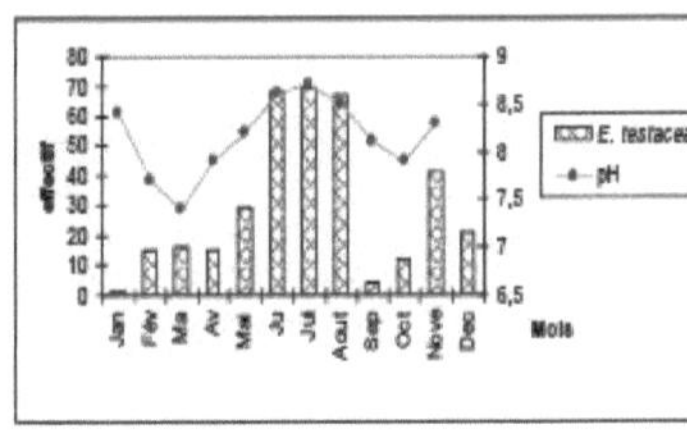

Fig. 99 : Variation mensuelle du nombre d'*E. testacea* récolté en fonction du pH.

Fig. 94: Variação mensal do número de *B. algira* colhidas em função do pH.
Fig. 95: Variação mensal do número de *T. tessulatum* colhidas em função do pH.
Fig. 96: Variação mensal do número de *P. costata* colhidas em função do pH.
Fig. 97: Variação mensal do número de *A. heteroclita* colhidas em função do pH.
Fig. 98: Variação mensal do número de *H. troctina* colhidas em função do pH.
Fig. 99: Variação mensal do número de *E. testacea* colhidas em função do pH.

II. ESTRUTURA DA POPULAÇÃO ESTUDADA

Foram recolhidas 683 sanguessugas por mês (quadro 4). Verificou-se que alguns taxa flutuam sazonalmente e outros só ocorrem em determinados períodos do ano. A estrutura da população de Achetes varia de uma estação para outra, e mesmo de um mês para outro.

1. Património específico

O recenseamento revelou seis espécies com certeza (S = 6) e três outras que não foram identificadas e que poderiam representar outras espécies. Estas últimas são indicadas no quadro 4 por *Hirudo sp*.

Quadro 4: Distribuição mensal das espécies encontradas na barragem do Lebna

	S. algira	*T. tessulatum*	*P. costata*	*A. heteroclita*	*H. troctina*	*H .sp*	*E. testacea*
setembro	0	0	0	0	2	0	4
outubro	0	23	2	1	0	1	12

novembro	1	18	8	14	0	1	41
dezembro	5	5	1	4	0	1	21
janeiro	3	0	0	0	1	13	1
fevereiro	3	16	2	1	1	1	15
março	1	2	5	0	3	0	16
abril	3	0	4	1	11	6	15
maio	5	0	2	35	3	0	29
Aderir	1	0	5	5	11	5	68
julho	0	0	6	3	48	7	69
agosto	0	0	18	0	2	4	67
Total	22	64	53	64	82	39	358

2. Abundância relativa

O quadro 5 apresenta o número de taxa e de famílias no povoamento estudado, bem como a sua abundância relativa.

Em primeiro lugar, *Erpobdella testacea* é a espécie mais comum no material recolhido. Representa mais de metade com uma percentagem de **52,49%**. As condições na barragem parecem ser favoráveis ao estabelecimento desta espécie. No entanto, já referimos que, de acordo com a literatura, os Erpobdelles são indicadores de poluição. De acordo com o presente estudo, a presença de *Erpobdella testacea* não está intimamente ligada à poluição, uma vez que a água da barragem é principalmente utilizada para irrigação. A abundância desta espécie pode também ser explicada pela natureza da sua alimentação, uma vez que se trata de uma espécie predadora e não de um ectoparasita hematófago.

O baixo número de espécimes capturados da família Glossiphoniidae (**29,75%**) e da família Hirudinidae (**17,74%)** pode ser atribuído à sua dieta. Todos eles são ectoparasitas hematófagos temporários.

Quadro 5: Números e abundância relativa das várias Hirudineae durante o ano de estudo (2005 - 2006).

Taxa	Número de indivíduos	Abundância relativa
Glossiphoniidae	203	29,75 %
Batracobdella algira	21	3, 22 %
Placobdella costata	53	7,77 %
Theromyzon tessulatum	65	9, 38 %
Alboglossiphonia heteroclita	64	9, 38 %
Hirudinídeos	121	17,74 %
Hirudo troctina	82	12,02 %
Hirudo .sp.	39	5,71 %
Erpobdellidae	358	52,49 %
Erpobdella testacea	358	52,49 %
Total	Z 682	Z 100 %

Batracobdella algira, da família Glossiphoniidae, apresenta a percentagem mais baixa (**3,22%**). Isto pode ser explicado pelo facto de esta espécie estar ligada ao seu hospedeiro (anfíbios) e, por conseguinte, não ser muito abundante na rocha. Esta observação foi confirmada em laboratório, pois durante um programa de criação de

Bufo mauritanicus, foi possível recolher cerca de dez exemplares de *B. algira*, que parasita este anfíbio.

Na família Hirudinidae, *Hirudo troctina* é a mais bem representada com uma percentagem de **12,02%**.

3. Variações sazonais na abundância das espécies recolhidas

No nosso estudo, verificámos que certos taxa diminuíram em número ou estiveram ausentes durante certos períodos (*Theromyzon tessulatum*). Este facto deve-se provavelmente à reprodução, uma vez que, em certas espécies monotélicas, a oviposição é acompanhada de histólise, que conduz à morte do animal. O quadro 6 resume a variação sazonal dos taxa recolhidos.

<u>Quadro 6</u>: Variações sazonais da abundância relativa e da densidade média dos taxa amostrados na barragem de Lebna.

				primavera			verão			outono		
	N	Ar	0	N	Ar	0	N	Ar	0	N	Ar	0
S. algira	11	11,82	1	8	7,20	0,72	1	0,28	0,09	1	0,77	0,28
P. costata	3	3,22	0,27	11	9,90	1	29	8,30	2,63	10	7,75	0,90
T. tessulatum	21	22,58	1,90	2	1,80	0,18	0	0	0	42	32,55	3,81
A.heteroclita	5	5,37	0,45	36	32,43	3,27	8	2,29	0,72	15	11,62	1,36
H. troctina	2	2,15	0,18	17	15,31	1,54	61	17,47	5,54	2	1,55	0,18
H .sp.	15	16,12	1,36	6	5,40	0,54	16	4,58	1,45	2	1,55	0,18
E. testacea	36	10,05	3,27	60	16,75	5,45	204	56,98	15,92	57	44,10	5,18
Total	93			140			319			129		

N: número total de indivíduos colhidos.

Ar : Abandono relativo em %.

^{2}D: densidade média (ind/m).

Se examinarmos as variações sazonais da população da albufeira da barragem de Lebna (Tab. 6 e Fig. 101), verificamos que :

- *Erpobdella testacea* é a espécie mais abundante, com uma explosão demográfica observada principalmente durante o período estival (Ar: **56,98%** e d = **15,92**). A sua abundância pode ser explicada, como já foi referido, pelo facto de ser uma espécie predadora. *E. testacea* alimenta-se principalmente de larvas de insectos **(Kutschera, 2003)**. Estas últimas são abundantes durante a maior parte do ano **(Harrath, 1999).**
- Durante o período de inverno, para além de *Erpobdella testacea*, *Theromyzon tessulatum* esteve presente em grande número (Ar: **22,58%** e d = **1,90**). Os exemplares desta última espécie são todos juvenis, o que sugere que houve um período de postura de ovos. Esta espécie também é abundante durante o outono, mas desta vez são sobretudo os exemplares adultos que aparecem com os ovos depositados na face ventral do corpo (Ar: **32,55** e d = **3,81)**. A abundância desta espécie durante estes dois períodos está certamente ligada à abundância do seu hospedeiro (patos), hipótese que é confirmada pelos exemplares capturados empanturrados de sangue (Fig. 100).

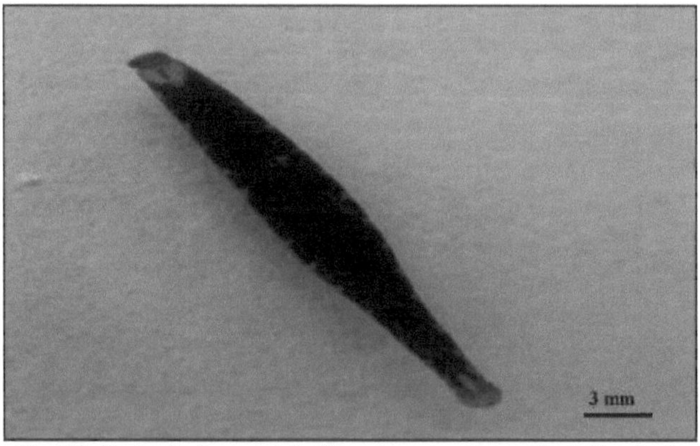

Fig. 100: Garganta de sangue de *Theromyzon tessulatum* (Trabalho atual).

- *A Alboglossiphonia heteroclita* é abundante durante a primavera.

(Ar: **32,43%** e d = **3,27**) e no outono (Ar: **11,62%** e d = **1,36**). A abundância desta espécie durante a primavera e o outono pode ser explicada pela abundância de Gasterópodes na barragem durante estes dois períodos **(Harrath, 1999).**

- *Batracobdella algira* é abundante durante o período de inverno (Ar: **11**,82% e d = **1**), bem como durante o período de primavera (Ar: **7,20%** e d = **0,72**). De acordo com as nossas observações de campo, estes dois períodos coincidem com a abundância de anfíbios, o hospedeiro preferencial desta espécie.
- *Placobdella costata* está presente quase com a mesma abundância durante os períodos de verão, primavera e outono. [22]No entanto, notamos que a densidade é elevada durante o mês de agosto, o que está de acordo com o trabalho de **Saglam Naim (2001)** que verificou que a densidade mais elevada de *P. costata* foi em agosto (0,45 indivíduos/m) e a mais baixa (0,05 indivíduos/m) entre dezembro e fevereiro. Este facto sugere uma abundância de presas para esta espécie durante os períodos acima referidos. Esta espécie alimenta-se do sangue de tartarugas de água doce **(Siddall e Gaffney 2004).** No presente trabalho, foi recolhida em *Mauremys leprosa.*

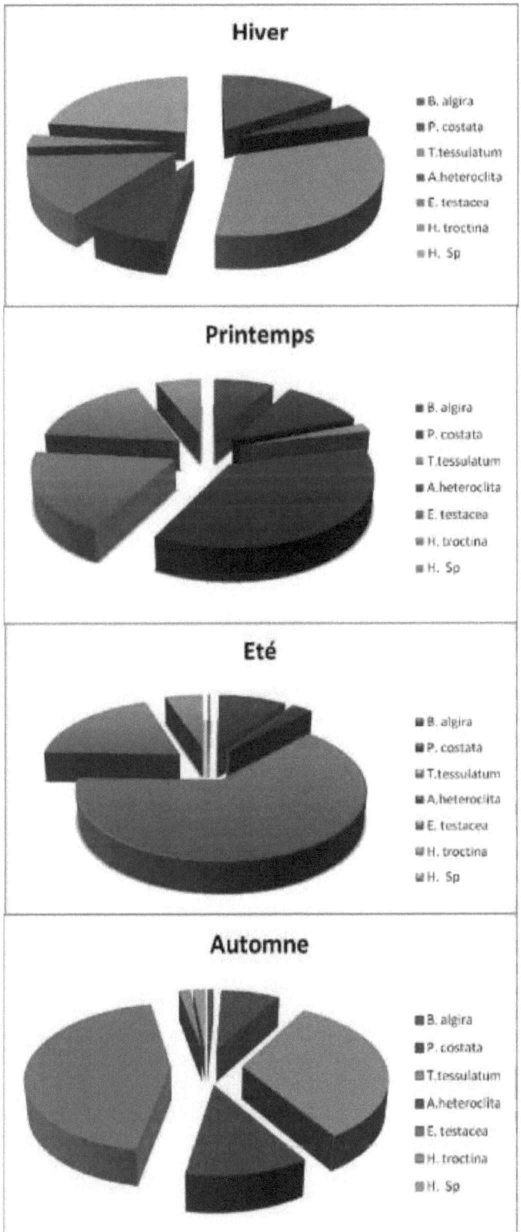

Fig. 101: Variações sazonais da abundância relativa de Hirudinees na barragem de Lebna.

III. ESTRATÉGIAS DE ADAPTAÇÃO E DEBATE

O Theromyzon tessulatum é abundante durante dois períodos do ano, o outono e o inverno. Este último período é marcado pela presença exclusiva de juvenis, sem a presença de adultos, ao passo que, no outono, se regista a presença de adultos, a maioria dos quais carrega os seus ovos na face ventral do corpo. Esta observação pode ser explicada pelo facto de esta espécie se reproduzir apenas uma vez durante a sua vida, produzindo um grande número de ovos, após o que morre quando os juvenis são libertados. Trata-se claramente de um estrato "r" com o máximo esforço reprodutivo concentrado numa única reprodução (semelparidade). Esta observação foi confirmada em laboratório e é igualmente coerente com a literatura.

A Erpobdella testacea está presente durante a maior parte do ano com um grande número de casulos. No entanto, estes casulos podem ser utilizados como alimento por outras espécies, o que explica provavelmente o equilíbrio desta população.

A deposição de casulos em terra em *Hirudo troctina* e a sua tolerância à dessecação podem ser consideradas como uma estratégia completamente diferente da anterior. Esta estratégia garante a sobrevivência da espécie, uma vez que os casulos ficam assim protegidos dos predadores (principalmente moluscos), que se encontram sobretudo na água.

IV. ESTUDO BIOLÓGICO

1. Período de postura

As observações no campo e no laboratório (durante a criação), bem como as variações sazonais do comprimento médio da extensão de certas espécies, permitiram-nos sugerir o período de desova para as espécies identificadas.

Tendo em conta a insuficiência da amostragem, a presente secção apresenta apenas um esboço dos ciclos de vida destas espécies. É dada especial atenção a *E. testacea*, para a qual a amostragem pode ser considerada suficiente.

A amostragem insuficiente e a ausência de colheita durante certos períodos do ano poderiam ser explicadas pela migração das espécies em profundidade **(Proctor e Young, 1987)** ou pela sua fixação em hospedeiros (anfíbios, patos, tartarugas, moluscos, etc.). Os hirudíneos são, de facto, ectoparasitas temporários.

J Erpobdella testacea

O conjunto das amostragens mensais efectuadas durante o nosso estudo permitiu-nos recolher um total de 358 indivíduos. A figura 102 mostra que do total de espécimes recolhidos, 56,98% foram recolhidos durante o verão e apenas 43% durante as outras estações. Isto sugere que o verão é mais favorável à atividade de *Erpobdella testacea* na estação estudada.

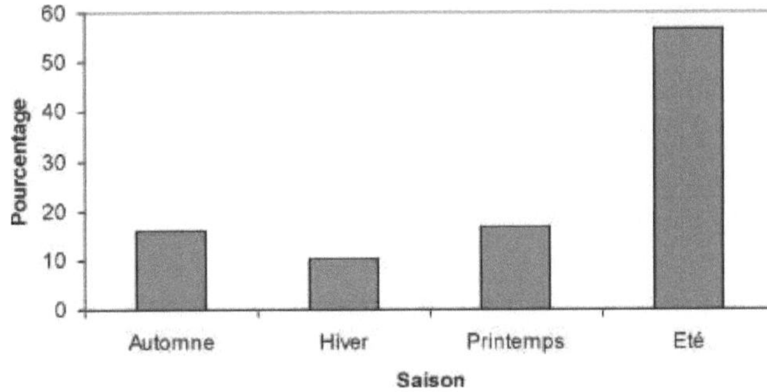

Fig. 102: Percentagem de indivíduos de *E. testacea* colhidos em função da estação do ano.

A figura 103, que mostra a variação sazonal do comprimento médio de *E. testacea*, mostra que, durante os períodos de inverno e primavera, a colheita é constituída principalmente por espécimes de maior tamanho (4 cm). Este facto sugere que, durante este período, os espécimes estão sexualmente maduros e aptos a reproduzir-se.

Esta constatação foi confirmada pelo facto de, durante todo este período, os casulos estarem fixados sob os seixos. Chegámos mesmo a acompanhar o desenvolvimento embrionário de alguns casulos, que durou em média 40 dias a 18°C.

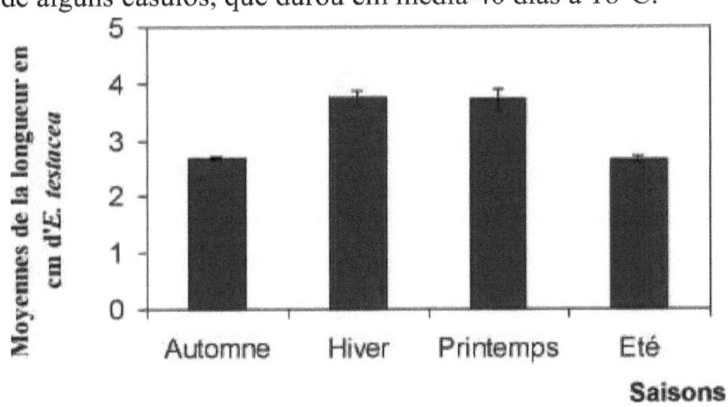

Fig. 103: Variação sazonal do comprimento médio de *Erpobdella testacea*.

Durante o período de verão, recolhemos principalmente indivíduos imaturos, com tamanhos entre 2 e 2,5 cm. A explosão demográfica da população durante este período pode ser atribuída aos juvenis das ninhadas da primavera e do inverno.

J Batracobdella algira

De acordo com as nossas observações, o período de oviposição de *B. algira* parece ser em fevereiro, março e abril. De facto, durante este período, recolhemos um grande número de indivíduos grandes (2,5cm a 3cm) feitos presumivelmente para estarem maduros. Para além disso, estes exemplares têm os ovos colados na parte ventral do corpo.

J Placobdella nabeulensis

O período de verão coincide com a época de postura dos ovos desta espécie, altura em que recolhemos exemplares de grandes dimensões, até 3 cm de comprimento.

J Theromyzon tessulatum

Os exemplares ovígeros são recolhidos em grande número durante o outono. Foi principalmente durante os meses de outubro e novembro que recolhemos o maior número de espécimes de grandes dimensões, até 3 cm de comprimento.

J Alboglossiphonia hyalina

Os maiores tamanhos foram registados durante o período da primavera. Foi durante este período que foram recolhidos exemplares com ovos na face ventral do corpo, o que sugere que o período de postura desta espécie se estende de fevereiro a abril.

J Hirudo troctina

O período de postura dos ovos desta espécie ocorre provavelmente durante o verão. Durante esta estação, recolhemos exemplares grandes e sexualmente maduros, uma vez que os estudos histológicos revelaram a presença de testículos funcionais. Além disso, durante a nossa criação em laboratório, encontrámos um casulo produzido por esta espécie durante este período.

2. Canibalismo

O canibalismo pode ser definido como uma predação intra-específica. Pode ocorrer devido a vários factores: interações competitivas, acasalamento, fome, etc. Este comportamento foi observado em muitas espécies, desde os eucariotas aos mamíferos. No entanto, o fenómeno do canibalismo em Hirudineae continua a ser debatido **(Kutschera, 2003)** e nenhuma publicação se referia a este tipo de estudo em Clitellates (Hirudineae e Oligochetes) antes de 2005 **(Kutschera e Roth, 2005)**.

Embora o canibalismo só tenha sido observado *em Nephelopsis obscura* por **Davies e Everett, 1975 *em* Kutschera (2003)** e recentemente numa população de *Hirudo medicinalis* por **Kutschera e Roth (2005)**, também foi observado em *Erpobdella testacea*. De acordo com as nossas observações, estes Hirudos colocados lado a lado no laboratório, em tenra idade, apresentam este fenómeno (Fig. 104).

No entanto, **Kutschera (2003)** não demonstrou este fenómeno numa população de *Erpobdella octoculata* cultivada. Além disso, esta observação está de acordo com as de outros investigadores **(Sawyer, 1986)**.

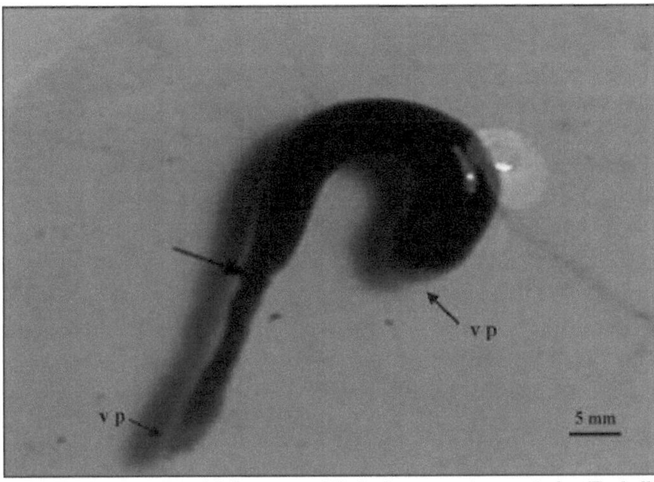

Fig. 104 : Canibalismo em *Erpobdella testacea* (Fleches) v p : ventosa posterior (Trabalho atual).

Em resumo, o fenómeno do canibalismo nos Hirudíneos ainda está em discussão e só foi observado em duas espécies distintas de Hirudíneos: *Nephelopsis obscura* e *Hirudo medicinalis*. No presente trabalho, relatamos pela primeira vez o fenómeno de canibalismo em *Erpobdella testacea*.

Para além do canibalismo, foram observados exemplares famintos de *Hirudo troctina* a alimentarem-se de outros exemplares de *Erpobdella testacea* (Fig. 105). Este último foi, por sua vez, observado a devorar um exemplar de *Theromyzon tessulatum*.

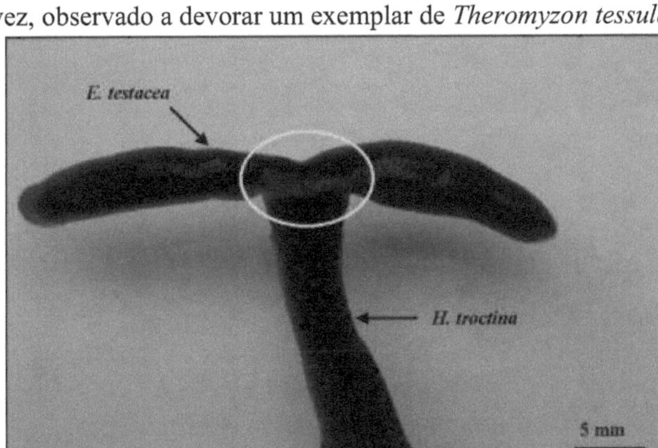

Fig. 105 : *Hirudo troctina* alimentando-se de *Erpobdella testacea* (Trabalho atual).

CONCLUSÕES E PERSPECTIVAS

O estudo dos anelídeos Achetes das águas da albufeira da barragem de Lebna foi efectuado com o objetivo de identificar as espécies presentes e estabelecer o efeito das flutuações ambientais nos seus ciclos de vida.

- A fauna de anelídeos Achetes da albufeira de Lebna está representada por nove espécies pertencentes a seis géneros diferentes e três famílias distintas: foram recolhidas e identificadas quatro espécies da família Glossiphoniidae: *Batracobdella algira, Placobdella nabeulensis, Alboglossiphonia hyalina* e *Theromyzon tessulatum*, foi identificada uma única espécie da família Erpobdellidae: *Erpobdella testacea*, e quatro espécies da família Hirudinidae. Duas espécies desta última família foram identificadas (*Hirudo troctina* e *Limnatis nilotica*), enquanto as outras três (*Limnatis sp.* 1 e *Limnatis sp.* 2) não obedecem a nenhuma das chaves de determinação das diferentes regiões descritas por **Sawyer (1986).** Estas últimas poderão ser espécies novas para a ciência; um estudo molecular posterior permitirá confirmar ou refutar esta hipótese.
- Entre as que recolhemos, gostaríamos de mencionar três espécies que são novas na Tunísia e no Norte de África: *Alboglossiphonia hyalina, Theromyzon tessulatum* e *Erpobdella testacea.*
- O fenómeno do canibalismo foi demonstrado pela primeira vez em *Erpobdella testacea.*
- O estudo estatístico revelou uma certa correlação entre a variação dos factores abióticos (temperatura e pH) e a abundância de *Erpobdella testacea* na estação de estudo. De facto, verificou-se que esta espécie prefere águas ligeiramente quentes e alcalinas. Todas as outras espécies não apresentaram qualquer correlação com as variações dos factores abióticos.
- Com base nas nossas observações no campo e no laboratório, pudemos sugerir os ciclos de vida correspondentes a algumas das espécies registadas. O período de oviposição foi limitado ao período primaveril para *Alboglossiphonia hyalina* e *Batracobdella algira*, enquanto que para *Placobdella nabeulensis* e *Hirudo troctina* foi o período estival. *Theromyzon tessulatum* parece ter um período de oviposição que coincide com o outono.
- O presente trabalho sobre os Hirudinae da Tunísia mostrou a presença de uma fauna rica e diversificada, mas estamos conscientes de que este inventário é ainda muito superficial. Representa apenas uma pequena fração da fauna e constitui apenas um primeiro passo. A realização de estudos mais aprofundados em biótopos mais diversificados permitiria enriquecê-lo.

Nos nossos estudos subsequentes, estamos a contar:

> Prospetar outras regiões da Tunísia, ou mesmo colaborar com outros colegas no Norte de África para estabelecer uma chave de determinação para esta região.

> Realização de um estudo molecular baseado no ADN para determinar com precisão as espécies ainda não identificadas do género *Limnatis* e estabelecer uma relação filogenética entre elas.

> Estudar a biologia reprodutiva das duas espécies *Erpobdella testacea* e *Batracobdella algira* ainda não estudadas.
> Comparar o modo de desenvolvimento embrionário destas duas espécies em relação aos determinantes citoplasmáticos acumulados durante a ovogénese.
> Foi efectuado um estudo molecular para comparar as populações de certas espécies tunisinas, como a *Batracobdella algira* e *a Hirudo troctina*, com as populações registadas na Europa.

REFERÊNCIAS BIBLIOGRÁFICAS

Aminot A. & Chaussepied M., 1983. Manuel des analyses chimiques en milieu marin. *cnexo, Bndo Documentation Brest*, 395p.

Ammar M., 2006. Contribution a l'etude des copepodes, cladoceres et rotiferes de la retenue de barrage Lebna (Cap bon): Diversité et étude biometrique. *Mestrado em Limnologia e recursos vivos em meios continentais*. Instituto Nacional Agronómico de Tunis, 133p.

Apakupakul K., Siddall M. E. & Burrreson E. M., 1998. Relações de nível superior de sanguessugas (Annelida: Clitellata: Euhirudinea) com base em morfologia e sequências de genes. *Molecular Phylogenetics and Evolution*, **12** : 350-359.

Baker M. W. & Macagno E. R., 2001. Neuronal growth and target recognition: lessons from the leeches. *Can. J. Zoo*, **79:** 204-217.

Beaumont A. & Cassier P., 1981. Biologie animale : des Protozoaires aux Metazoaires epithelioneuriens, I. *Dunod Paris, Bordas Paris*, 459p.

Biernacka B. & Davies R. W., 1994. Os efeitos da temperatura e do regime alimentar no hermafroditismo e na gametogénese de *Nephelopsis obscura*, uma sanguessuga predadora de água doce. *Can. J. Zool*, **72:** 1639-1642.

Blanchard R., 1891. Breves notas sobre os Hirudíneos. I. Sobre a sanguessuga do Norte de África. *Bull. Soc. Zool. Fr.* **16**: 218-221.

Blanchard R., 1917. Monographie des Hemadipsiens (sanguessugas terrestres). *Bull. Soe. Pathologie Exotique*, **10**: 640-675.

Borda E. & Siddall M. E., 2004a. Arhynchobdellida (Annelida: Oligochaeta: Hirudinida): relações filogenéticas e evolução. *Molecular Phylogenetics and Evolution*, **30**: 21-225.

Borda E. & Siddall M. E., 2004b. Revisão da evolução das estratégias de história de vida e filogenia dos Hirudinida (Annelida: Oligochaeta). *Lauterbornia*, **52 :** 5-25.

Burgin A. M., Eisenhart F. J., Kristan W. B. & French K. A., 2006. As ligações eléctricas embrionárias parecem prefigurar um circuito comportamental no SNC da sanguessuga.
J. Comp. Physiol A., **192**: 123-133.

Brumpt E., 1949. Precis de Parasitologie. *Masson Dcle*, 111p.

Denise N. H. & Shankland M., 1992. Lox2, um gene putativo de identidade de segmento de sanguessuga, é expresso no mesmo domínio segmentar em diferentes linhagens de células estaminais. *Desenvolvimento*, **116** : 697-710.

Dhaouadi S., 2003. Etude ecobiologique d'*Atyaephyra desmarseti* (Millet, 1831) (Crustacea Decapoda, Natania, Atydiae) de trios retenues de barrages de Tunisie: Sidi Salem, Lebna et Sidi Saad. *Tese de doutoramento em ciências biológicas*. Faculte des Sciences de Tunis, 175p.

Doin E. O., 1952. Descriptive Zoology. *Masson Dcle*, 102p.

Dussart B., 1992. Limnologie : l'etude des eaux continentales. *Gauthier-Villars, Paris*, 681p.

El Herry S., 2004. Caracterização hidrobiológica e ecotoxicológica das águas das retenções das barragens do Cabo Bon: Bezirk, Chiba, Lebna, Masri e Mlaabi. *Mestrado em ciências haliêuticas*. Instituto Nacional Agronómico de Tunis, 143p.

Esch T. & Kristan W. B., 2002. Tomada de decisão no sistema nervoso de sanguessugas. *Integ. E Comp. Biol.* **42**: 716-724.

Figueroa A. O. & Regagnon V. L., 2005. Uma nova espécie de sanguessuga de água doce *Helobdella* (Annelida: Glossiphoniidae) do México central. *Zootaxa*, **976**: 1-8.

Figueroa A. O., Regagnon V. L., & Siddall M. E., 2005. Phylogeny and revision of Erpobdelliformes (Annelida, Arhynchobdellida) from Mexico based on nuclear and mitochondrial gene sequences. *RevistaMexicana de Biodiversidad*, 76 (**2**): 191-198.

Figueroa A. O., 2006. Uma nova espécie de sanguessuga de água doce do género *Haementeria* (Annelida: Glossiphoniidae) do Estado de Jalisco, México. *Zootaxa*, **1110**: 39-45.

Govedich F. R. & Davies R. W., 1998. O primeiro registo do género *Helobdella* (Hirudinoidea: Glossiphoniidae) da Austrália, com a descrição de uma nova espécie, *Helobdella papillornata*. *Hydrobiologia*, **389**: 45-49.

Govedich F. R., Blinn D. W., Keim P. & Davies R. W., 1998. Relações filogenéticas de três géneros de Erpobdellidae (Hirudinoidea), com a descrição de um novo género *(Motobdella)* e espécie, *Motobdella sedonensis*. *Can. J. Zool.* **76**: 21642171.

Govedich F. R., Blinn D. W., Hevly R. H. & Keim P. S., 1999. Cryptic radiation in Erpobdellid leeches in xeric landscapes: a molecular analysis of population differentiation. *Can. J. Zool*, **77**: 52-57.

Govedich F. R., 2001. A reference guide to the ecology and taxonomy of freshwater and terrestrial leeches (Euhirudinea) of Australasia and Oceania. Cooperative Research Centre for freshwater Ecology Identification Guide No.35.Co-operative Research centre for freshwater Ecology, 67p.

Govedich F. R., Bain B. A., & Davies R. W., 2002. Primeiro registo da sanguessuga asiática de água doce *Barbronia weberi* (Blanchard, 1897) (Euhirudinea: Erpobdellidae) na Austrália. *The Victorian Naturalist*, **119**: 227-228.

Govedich F. R., Burd M., Bain B. A. & Davies R. W., 2003. Biologia reprodutiva da sanguessuga invasora de água doce asiática *Barbronia Weberi* (Blanchard, 1897). *Hydrobiologia*, **510**: 125-129.

Govedich F. R., Negm-Eldin M. M., Bain B. A. & Davies R. W., 2004. Prey preference and feeding behaviour of two Australian Glossiphoniid, and the avoidance response of their snail prey. *The Victorian Naturalist*, **121 (1):** 51-55.

Grasse P. P., 1959. Traite de Zoologie Anatomie Systematique Biologie. *Masson Paris*, **5 (1)**: 471- 593.

Grasse P. P., Poisson R. A. & Tuzet O., 1970. Zoologie 2. Invertebrados. *Masson Paris*, 935p.

Grosser C. & Pesic V., 2006. Sobre a diversidade das sanguessugas iranianas (Annelida: Hirudinea). *Arch. Biol. Sci.* **58 (1)**: 21-24.

Gullo B. S., 1994. Microanatomia da gonada feminina de *Helobdella triserialis* (Hirudinea, Glossiphoniidae). *anal .soc. Cientif. Argentina*, **224 (2)**: 43-55.

Gullo B. S., 2003. Ciclo reprodutor de *Helobdella triserialis* Provincia de Buenos Aires, Argentina. *Rev. Museo La Plata, zoologia.* **15 (167)**: 1-7.

Gullo B. S., 2004. Histologia do sistema reprodutor masculino de *Helobdella hyalina* (Hirudinea, Glossiphoniidae) na Argentina. *Iheringia, Ser. Zool, Porto Alegre*, **94 (1)**: 13-18.

Gullo B. S., 2006. *Helobdella nahuelhuapensis* sp. n. (Hirudinea, Glossiphoniidae), de Bariloche, Argentina. *Zootaxa*, **1276**: 33-38.

Harrath A., 1999. Contribution a l'etude des planaires d'eau douce de Tunisie. *DEA d'Ecologie Animate.* Faculte des sciences de Tunis, 151p.

Hetchel F. O. P. & Sawyer R. T., 2002. Toward a taxonomic revision of the medicinal leech *Hirudo medicinalis* Linnaeus, 1758 (Hirudinea: Hirudinidae): redescription of *Hirudo troctina* (Johnson, 1816) from North Africa. *Jornal de História Natural*, **36**: 1269-1289.

Kristain W. B., Calabrese R. L. & Friesen W. O., 2005. Neuronal control of leech behavior (Controlo neuronal do comportamento das sanguessugas). *Progresso em Neurobiologia*, **76:** 279-327.

Kutschera U. & Wirtz P., 1986. Uma sanguessuga que alimenta as suas crias. *Animal Behaviour*, **34**: 941-942.

Kutschera U. & Wirtz P., 2001. The Evolution of Parental Care in Freshwater Leeches (A evolução do cuidado parental em sanguessugas de água doce). *Theory Biosci*, **120**: 115-137.

Kutschera U., 2003. As estratégias de alimentação da sanguessuga *Erpobdella octoculata* (L.): Um estudo de laboratório. *Internat. Rev.* **88:** 94-101.

Kutschera U., 2004. Conceitos de espécie: sanguessugas versus bactérias. *Lauterbornia*, **52**: 171-175.

Kutschera U. & Roth M., 2005. Canibalismo numa população de sanguessuga medicinal (*Hirudo medicinalis*). *Boletim de Biologia*, **32**: 626-628.

Kutschera U. & Roth M., 2006a. Notas sobre a ecologia da sanguessuga medicinal asiática *Hirudinaria manillensis* (Hirudinea: Hirudinidae). *Lauterbornia*, **56**: 9-13.

Kutschera U. & Roth M., 2006b. Deposição de casulos e formação de aglomerados em populações da sanguessuga *Hirudo verbana* (Hirudinea: Hirudinidae). *Lauterbornia*, **56**: 5-8.

Mann K. H., 1957. Estudo de uma população da sanguessuga *Glossiphonia complanata. Ibidem*, **26**: 99-111.

Martoja R. & Martoja M., 1967. Iniciação às técnicas de l'Histologie animale. *Masson et cie Paris*, 345p.

Megnin P., 1891. Sanguessugas da Argélia e da Tunísia que permaneceram durante mais de um mês na boca de bois e cavalos. *Bull. Soc. Zool. Fr.* **16**: 222-227.

Minelli A., 1977. Irudinei: Guide Per Il Riconoscimento Delle Specie Animali Delle Acque Interne Italiane.Consiglio Nazionale Delle Ricerche, 42p.

Minelli A., 1979. Hirudinea. Fauna d'italia. *Calderini Bologna*, 152p.

Moore J. P., 1939. Sanguessugas (Hirudinea) das montanhas do Atlas em Marrocos.

Ann.
Mag. Nat. Hist. **3**: 80-87.

Nesemann H. & Neubert E., 1994. Novos dados para as sanguessugas da subfamília Trochetinae (Hirudinea, Erpobdellidae). *Miscellanea Zoologica Hungarica*, **9**: 19-28.

Nisbet M. & Verneaux J., 1970. Componentes químicos da água corrente. Discussão e proposta de classes como base de interpretação das análises químicas. *Annls Limnol*, **6 (2)**: 161-190.

Oosthuizen J. H. & Davies R. W., 1992. Redescrição da sanguessuga de pato *Theromyzon rude* (Baired, 1869) (Rhynchobdellida: Glossiphoniidae). *Can. J. Zool*, **70**: 2028-2033.

Paez D., Govedich F. R., Bain B. A., Kellett. M. & Burd M., 2004. Custos dos cuidados parentais no comportamento de caça de *Helobdella papillornata* (Euhirudinea: Glossiphoniidae). *Hydrobiologia*, **519**: 185-188.

Perret J. L. 1952. Les Hirudinees de la region neuchateloise. *Bull. soc. neuchateloise Sc. Nat.* **75**: 89-138.

Proctor R. M. & Young J. O., 1987. The life history, diet and migration of a lakedwelling population of the leech *Alboglossiphonia heterolicta*. *Hydrobiologia*, **150 (2)**: 133-139.

Sawyer R. T., 1986. Leech biology and behaviour, II. Feeding biology, ecology and systematic. *Oxford University Press New York*, 792p.

Sawyer R. T. & Davies K. D., 1974 - Observations on the physiology and phylogeny of colour change in marine and freshwater leeches (Annelida: Hirudinea). *Hydrobiologia*, **44 (3)**: 215-236.

Saglam N., 2001. Primeiro registo da sanguessuga *Placobdella costata* (Hirudinoidea: Glossiphoniidae) na Turquia. *Zoologia no Médio Oriente*, **23**: 113-118.

Seaver E. C. & Shankland M., 2000. Leech Segmental Repeats Develop Normally in the Absence of Signals from either Anterior or Posterior Segments. *Developmental Biology*, **224 :** 339-353.

Seaver E. C. & Shankland M., 2001. Estabelecimento da polaridade do segmento no ectoderma da sanguessuga *Helobdella. Desenvolvimento*, **128**: 1629-1641.

Seurat L., 1922. Fauna das águas continentais da Berberia. Trabalhos do Laboratório de Zoologia Aplicada, Faculdade de Ciências, Universidade de Alger, 66p.

Shankland M., 1990. Leech Segmentation: Cell Lineage and the Formation of Complex Body Patterns (Segmentação de sanguessugas: linhagem celular e formação de padrões corporais complexos). *Developmental biology*, **144:** 221-231.

Shankland M., 1994. Segmentação de sanguessugas: uma perspetiva molecular. *BioEssays*, **16 (11)**: 801-808.

Shankland M., 1995. Formação e Especificação de Neurónios durante o Desenvolvimento do Sistema Nervoso Central de Leech. *Journal of Neurobiology*, **27 (3):** 294-309.

Shankland M. & Seaver E. C., 2000. Evolution of the bilaterian body plan: What have we learned from annelids. *BioEssays*, **97 (9)**: 4434-4437.

Siddall M. E., 2001a. Leeches of Laguna Volcan, Bolivia, including a new species of *Helobdella* (Clitellata: Hirudinea). *American Museum Novitates*, **3313**: 1-11.

Siddall M. E., 2001b. Hirudinea from the Apolobampa in the Bolivian Andes, including three new species of *Helobdella* (Clitellata: Hirudinea). *American Museum Novitates*, **3341**: 1-14.

Siddall M. E., Apakupakul K., Burreson E. M., Coates K. A., Erseus C., Gelder S. R., Kallersjo M. & Trapido-Rosenthal H., 2001. Validating Livanow: Molecular Data Agree That Leeches, Branchiobdellidans, and *Acanthobdellida pelidina* from a Monophyletic Group of Oligochaetes. *Molecular Phylogenetics and Evolution*, **21 (3):** 346-351.

Siddall M. E., 2002. Filogenia da família das sanguessugas Erpobdellidae (Hirudinida: Oligochaeta). *Invert. Syst.* **16**: 1-6.

Siddall M. E. & Borda E., 2003. Phylogeny and revision of the leech genus *Helobdella* (Glossiphoniidae) based on mitochondrial gene sequences and morphological data and a special consideration of the *triserialis* complex. *Zoologica Scripta*, **32**: 23-33.

Siddall M. E. & Borda E., 2004. Colecções de sanguessugas do Chile, incluindo duas novas espécies de *Helobdella* (Annelida:Hirudinida). *American Museum Novitates*, **3457**: 1-18.

Siddall M. E. & Gaffney E. S., 2004. Observações sobre a alimentação da sanguessuga *Placobdella ornata* a partir de tecidos ósseos de tartarugas. *J. Parasitol*, **90 (5)**: 1186-1188.

Siddall M. E., Perkins S. L. & Desser S. S., 2004. Os endossimbiontes de micetoma de sanguessuga são uma nova linhagem de alphaproteobacteria relacionada com as Rhizobiaceae. *Molecular Phylogenetics and Evolution*, **30**: 178-186.

Siddall M. E. & Budinoff R. B., 2005. DNA-barcoding evidence for widespread introductions of a leech from the South American *Helobdella triserialis* complex. *Conservation Genetics*, **6:** 467-472.

Siddall M. E., Budinoff R. B. & Borda E., 2005. Avaliação filogenética da sistemática e biogeografia da família de sanguessugas Glossiphoniidae. *Invertebrate Systematics*, **19**: 105-112.

Soos A., 1966. Chave de identificação dos géneros de sanguessugas (Hirudinoidea) do mundo com um catálogo das espécies. III. Família: Erpobdellidae. *Ata Zool. Acad. Scient. Hung.* **12**: 371-407.

Soos A., 1967. Chave de identificação dos géneros de sanguessugas (Hirudinoidea) do mundo com um catálogo das espécies. IV. Haemadipsidae. *Ata zool. Acad. Scient. Hung.* **13**: 417-43.

Soos A., 1968. Chave de identificação das espécies do género *Erpobdella* de Blainville, 1818 (Hirudinoidea: Erpobdellidae). *Ann. Hist. nat. Mus. Nat. Hung.* **60**: 141 - 145.

Soos A., 1969. Chave de identificação dos géneros de sanguessugas (Hirudinoidea) do mundo com um catálogo das espécies.VI: Glossiphoniidae. *Ata zool. Acad. Scient.*

Hung. **15**: 397-454.

Zribi S., 2005. Contribution a I'etude de I'ecologie et de la reproduction de *Perinereis Macropus* du Golfe de Gabes (Annelide, Polychete). *Mestrado em Ecologia e Biologia das Populações.* Faculte des sciences de Tunis, 106p.

Trontelj P. & Utevsky S. Y., 2004. Celebridade com uma taxonomia negligenciada: sistemática molecular da sanguessuga medicinal (género *Hirudo*). *Mol Phylogenet Evol*, **34**: 616-624.

Utevsky S. Y. & Trontelj P., 2005. Uma nova espécie de sanguessuga medicinal (Oligochaeta, Hirudinida, *Hirudo*) da Transcaucásia e uma chave de identificação para o género *Hirudo*. *Parasitol Res*. **98:** 61-66.

Viguier C., 1879. Anatomie comparee des Hirudinees (organisation de la *Batrachobdella (B. Latasti*)). *C. R. Acad. Sci. Paris*, **89:** 110-112.

Weisblat D. A. & Huang F. Z., 2001. An Overview of Glossiphoniid Leech development. *Can. J. zool,* **79**: 218-232.

Westergren S. & Siddall M. E., 2004. Duas Novas Espécies de Sanguessugas Salifídeas (Arhynchobdellida: Erpobdelliformes: Salifidae) da África do Sul e Madagáscar. *American Museum Novitates*, **3456**: 1-6.

REFERÊNCIAS ELECTRÓNICAS

Anónimo 1: Faculty.evansville.edu/... ./Annelida/Sld018.htm

Anónimo 2: Sanguessugas nasais. http:// www.nwhc.usgs.gov/publications/ Field-manual.

Anónimo 3: Glossiphoniidae Apêndice: http://research.amnh.org/~siddall/glossapp.html

Ginsberg D., **1998.** Natural History of leeches. http:// www. personal. umich. Edu /~ davegins /leech.html

N.A.S.A., 2006. Administração Nacional da Aeronáutica e do Espaço. Publicação eletrónica na World Wide Web: http:// zulu.ssc.nasa.gov.

Nessemenn, 2002. http://freenet-homepage.de/hirudinea/Neues.htm

MIX
Papier aus verantwortungsvollen Quellen
Paper from responsible sources
FSC® C105338

Printed by Books on Demand GmbH, Norderstedt / Germany